Die **Forschungsberichte aus dem Faserinstitut Bremen**

Erscheinen in unregelmäßiger Folge.

Herausgegeben vom

Faserinstitut Bremen e.V. -FIBRE-

Am Biologischen Garten 2

D-28359 Bremen

Der vorliegende Band erscheint als Nr. 74 dieser Reihe.

Autoren: Markus Geiger, Patrick Schiebel

Titel: LaVeSa – Lastgerecht verstärkte Sandwichplatten durch Einsatz optimierter Textilstrukturen

Herstellung und Verlag: **BoD** – Books on Demand, Norderstedt

ISBN dieses Bandes: 9783758321139

ISSN der Reihe: 1618-7016

Danksagung

Das IGF-Vorhaben „LaVeSa" (IGF-Nr. 21974 N/1) der Forschungsvereinigung „Forschungskuratorium Textil e.V.", Reinhardtstraße 12-14, 10117 Berlin wurde über die Arbeitsgemeinschaft industrieller Forschungsvereinigungen (AiF) im Rahmen des Programms zur Förderung der industriellen Gemeinschaftsforschung (IGF) vom Bundesministerium für Wirtschaft und Klimaschutz aufgrund eines Beschlusses des Deutschen Bundestages gefördert. Dafür möchten wir an dieser Stelle herzlich danken.

Drüber hinaus gilt unser Dank den beteiligten Projektpartnern und den Mitgliedern des Projektbegleitenden Ausschusses für die gute Zusammenarbeit und die Unterstützung bei den Forschungsarbeiten.

Der Abschlussbericht kann am Faserinstitut Bremen e.V. (FIBRE) ausgeliehen werden.

Gefördert durch:

aufgrund eines Beschlusses
des Deutschen Bundestages

Zusammenfassung der Ergebnisse zum

IGF-Vorhaben Nr. 21974 N/1

„LaVeSa – Lastgerecht verstärkte Sandwichplatten durch Einsatz optimierter Textilstrukturen"

Das Ziel des Projekts war die Entwicklung eines Verfahrens zur Optimierung der Lastaufnahme von Faserverbund-Sandwichstrukturen durch Integration textiler Preformingverfahren in den Fertigungsprozess. Im Forschungsvorhaben wurde demonstriert, dass die mechanischen Eigenschaften von Faserverbund-Sandwichstrukturen in Lasteinleitungsbereichen mit Fügeelementen, wie gewindefurchende Schrauben, durch lokale, lastgerechte Endlosfaserverstärkungen verbessert und dass die Belastbarkeit von Sandwichstrukturen in Dickenrichtung durch Vernähen erhöht sowie die Neigung zur Delamination gleichzeitig reduziert werden kann.

Zu diesem Zweck wurden Endlosfasern entlang vorgesehener Lasteinleitungsbereiche mithilfe des TFP-Verfahrens direkt auf den Decklagen abgelegt und die textilen Decklagen mit dem Schaumkern vernäht. Im Anschluss wurde der Aufbau im Vakuuminfusionsverfahren mit einem duroplastischen Matrixsystem durchtränkt und ausgehärtet.

Der Einfluss der gewählten Parameter sowie der eingesetzten Materialien auf den textilen Preformingschritt und das Infusionsverhalten wurden analysiert. Die Eigenschaften der Sandwichbauteile wurden im Rahmen von mechanischen und optischen Laboruntersuchungen ermittelt sowie mit Referenzmaterialen verglichen. Im Rollschälversuch konnte gezeigt werden, dass eine flächige Vernähung mit 5 mm Stichabstand zu einer zehnfachen Steigerung des Schälwiderstandes im Vergleich zu unvernähten Sandwiches führt. Im Pull-Out Versuch zeigten vernähte Patches mit 2,96 kN eine 71 % höhere Auszugskraft als aufgeklebte Referenzproben.

Mit Hilfe der im Projekt gewonnenen Erkenntnisse wurde zusammen mit dem PbA ein Demonstrator in Anlehnung an eine Türstruktur umgesetzt. Zur Demonstration des entwickelten LaVeSa-Verfahrens wurden unterschiedliche Lastfälle von Anbauteilen wie Griff, Hacken, Scharnier oder Riegel betrachtet, lastgerecht optimierte Patches entwickelt, in die Sandwichstruktur integriert und mittels Vakuuminfusionsverfahren mit Matrix durchtränkt.

Durch die wirtschaftliche Umsetzung eines Prozesses zur lastgerechten Verstärkung von Sandwichbauteilen können neue Anwendungsfelder z.B. in Nutzfahrzeugen, Luftfahrt, Yachtbau oder der Sportartikelbranche erschlossen werden, wodurch eine Stärkung der Marktposition von KMU im Bereich der textilen Halbzeuge und Zulieferindustrie zu erwarten ist.

Das Ziel des Forschungsvorhabens wurde erreicht.

Inhaltsverzeichnis

1. Ausgangssituation

Das erste Kapitel geht zu Beginn auf die Motivation für das Projekt ein. Anschließend werden die identifizierten Problemstellungen in Bezug auf Sandwichstrukturen genannt und näher erläutert.

1.1 Motivation für das Projekt

Mobilität stellt seit dem Beginn ihrer Geschichte ein Grundbedürfnis der Menschheit dar. Spätestens seit in der Moderne Flugzeug und Automobil zu den Haupttransportmitteln gehören und verstärkt die Verbesserung der Effizienz der Technik im Vordergrund steht, nimmt der Leichtbau dabei eine immer wichtigere Rolle ein. Das Ziel beim Leichtbau ist, durch eine Gewichtseinsparung, eine Senkung des Energieverbrauches von technischen Systemen zu erreichen. Damit einhergehend und heutzutage von elementarer Wichtigkeit ist die Senkung des Ausstoßes von klimaschädlichen Treibhausgasen während der Produktion und Nutzung technischer Systeme. Daher sind Leichtbau und Leichtbaustrategien insbesondere im Bereich der Luft- und Raumfahrt und dem Automobilbau fortwährende Innovationstreiber (Friedrich 2017).

Leichtbau kann grundsätzlich als eine Absichtserklärung definiert werden, die eine Minimierung der Masse einer Struktur vorsieht, ohne dass dies zu einer Funktionalitätseinschränkung führt (Wiedemann 2007). Ziel beim Leichtbau ist es, eine Struktur mit möglichst geringem Eigengewicht, mit einer bestimmten Lebensdauer und gewünschten Funktionalitäten unter gegebenen Randbedingungen zu realisieren. Selbstverständlich muss dabei auch die Sicherheit der Struktur gewährleistet bleiben. In seiner Umsetzung ist ein solcher Entwicklungsprozess von einem hohen Grad an Interdisziplinarität geprägt, da das Ziel der Masseeinsparung bestmöglich durch die Nutzung und Kombination verschiedenster Technologien erreicht wird. Dazu gehören etwa die Wahl eines geeigneten Werkstoffes, die Auslegung und Konstruktion der Struktur unter Leichtbaugesichtspunkten, die Wahl einer passenden Bauweise, eine darauf angepasste Fügetechnik sowie letztendlich die Auswahl einer geeigneten Herstellungstechnologie (Klein 2013). All dies muss jedoch immer unter Berücksichtigung der entstehenden Kosten betrachtet werden. Dem theoretisch realisierbaren Leichtbaugrad einer Struktur, etwa eines Fahrzeugbauteills, sind somit häufig wirtschaftliche Grenzen durch die entstehenden Kosten gesetzt.

Im Entwicklungsprozess einer masseoptimierten Leichtbaustruktur lassen sich verschiedene Strategien unterscheiden, die für einen zielführenden Ablauf gleichermaßen berücksichtigt werden sollten und den hohen Interdisziplinaritätsgrad verdeutlichen. Dabei wird zwischen Stoffleichtbau, Formleichtbau, Konzeptleichtbau, Fertigungsleichtbau und Bedingungsleichtbau unterschieden, wobei weitere Strategien existieren, die den genannten untergeordnet werden können (Wiedemann 2007).

Die Umsetzung einer Leichtbaustruktur kann durch die Anwendung verschiedener Bauweisen erfolgen. Die Differentialbauweise zielt darauf ab, eine Struktur durch das Fügen von Einzelteilen zu fertigen. Dies ermöglicht die Nutzung und Kombination unterschiedlicher Werkstoffe, führt aber andererseits auch zu Nachteilen wie einem erhöhten Gewicht durch die zusätzlich benötigten Fügeelemente. Dem gegenüber steht die Integralbauweise, die darauf abzielt, ein Bauteil aus möglichst wenigen Einzelteilen zu fertigen. Dies führt zu einer eingeschränkten Freiheit in der Kombination unterschiedlicher Materialien, kann aber ein geringeres Gewicht der Gesamtstruktur ermöglichen. Bei der Verbundbauweise wird die Kombination verschiedener Werkstoffe in einem

Bauteil angestrebt, um die jeweiligen positiven Eigenschaften gezielt nutzen zu können. Dazu gehören etwa faserverstärkte Kunststoffe (FVK) (Klein 2013).

Sandwichstrukturen stellen ein klassisches Beispiel der Verbundbauweise dar, dessen Anwendung für leichtbaurelevante Systeme weit verbreitet ist (Henning und Moeller 2020). Das Prinzip solcher Sandwichstrukturen, welche auch als Kernverbunde bezeichnet werden, sieht vor, dass zwei dünne, steife und feste Decklagen flächig mit einem Kernmaterial geringerer Dichte verbunden werden. Sandwichstrukturen beruhen somit vor allem auf der Kombination der Prinzipien des stofflichen und des strukturellen Leichtbaus (Roth 2006). Abbildung 1 zeigt schematisch den grundlegenden Aufbau von Sandwichstrukturen.

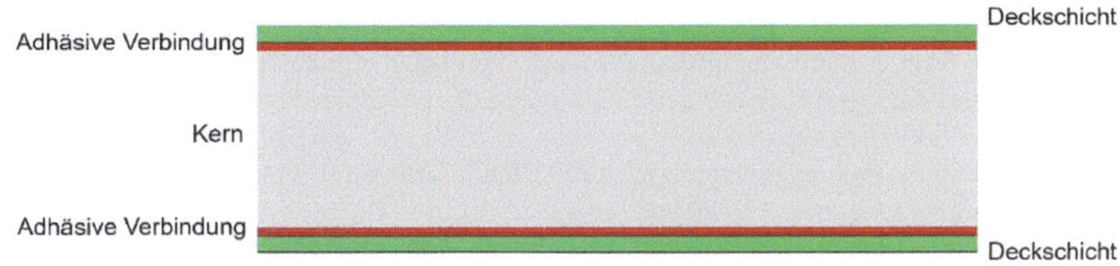

Abbildung 1: Komponenten einer Sandwichstruktur

1.2 Problemstellung

Im folgenden Unterkapitel werden die drei identifizierten wissenschaftlich-technischen bzw. wirtschaftlichen Problemstellungen in Bezug auf faserverstärkte Sandwichstrukturen mit Schaumkern erläutert.

Problemstellung 1: Punktelle Lasteinleitung in Sandwichstrukturen

Die Faserverbund-Decklagen klassischer Sandwichstrukturen bestehen überwiegend aus flächigen textilen Halbzeugen, wie Multiaxialgelege oder Gewebe. Punktuelle Lasteinleitungen werden größtenteils über Inserts integriert. Als Insert werden allgemein Strukturen bezeichnet, die dem Zweck dienen, die Steifigkeit und Festigkeit einer Sandwichstruktur lokal zu erhöhen, um die punktuellen Belastungen adäquat im Material zu verteilen (Zenkert 1997). Durch die Integration eines Inserts z.B. durch Ausschäften und Einkleben der Elemente werden die lasttragenden Fasern geschädigt. Dadurch wird die Lochleibungsfestigkeit in diesen Bereichen reduziert. Durch die starre Faseranordnung in den konventionellen textilen Halbzeugen liegt keine belastungsoptimierte Faserausrichtung vor. Um dies auszugleichen, wird die gesamte faserverstärkte Decklage an die maximalen Spannungsspitzen des Inserts ausgelegt. Folglich führt dies zu einem dickeren Faser-Kunststoff-Verbund, was neben einem höheren Strukturgewicht auch zu höheren Werkstoffkosten führt.

Zur Einleitung von Normalkräften in Sandwichstrukturen werden Inserts mit Befestigungselement verwendet. Um die Festigkeiten der Verbindung zwischen dem metallischen Insert und dem Sandwichkern zu steigern und darüber hinaus ein Quetschen des Kerns bzw. vorzeitiges Ausreißen des Inserts zu verhindern, wird eine Kernfüllmasse am Fügepunkt eingebracht. Dazu werden Bereiche der Sandwichstrukturen ausgefräst und ein Insert mithilfe der Kernfüllmasse in die Struktur eingeklebt, wie in Abbildung 2 zu erkennen ist (ECSS 2011).

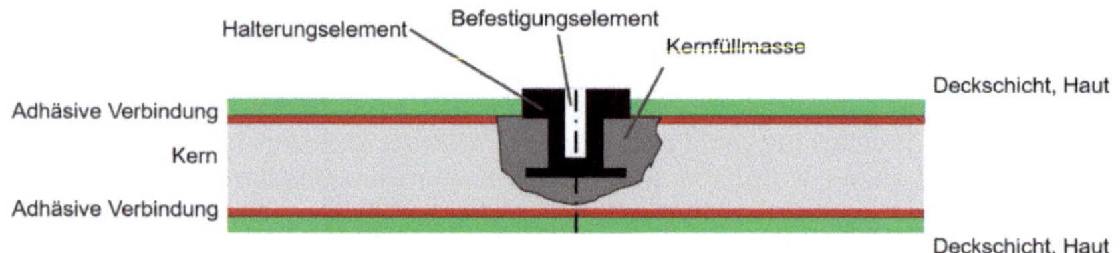

Abbildung 2: Schematische Darstellung der Einleitung punktueller Lasten mittels Inserts

Diese Art der Einbettung führt zu einer Gewichtserhöhung in den Fügebereichen. Wird bei einer 10 mm dicken Sandwichstruktur ein Durchmesser von 100 mm mit Kernfüllmasse gefüllt, entsteht eine Gewichtszunahme von ca. 40 g pro Fügepunkt. Es ist nicht selten, dass Sandwichstrukturen über eine sehr hohe Anzahl an Inserts verfügen (> 70 Stück), wie beispielsweise Elemente einer Lavatory Einheit für Passagierflugzeuge der EURO-COMPOSITES Group, weswegen eine noch höhere Gewichtszunahme schließlich resultiert (Euro Composites Group 2012). Zudem entstehen Steifigkeitssprünge zwischen dem Insert, Füllstoffmasse und Kernmaterial, was zu einer Rissinitiierung führen kann. Je nach Krafteinleitungskonzept ergeben sich aus den verschiedenen Varianten konventioneller Inserts neben der Erhöhung des Gewichts weitere Nachteile, wie etwa ein verfrühtes Kernversagen infolge von Spannungsspitzen durch die resultierenden Steifigkeitssprünge zwischen Kern, Deckschicht und Insert (Roth 2006).

<u>Problemstellung 2: Belastbarkeit in Z-Richtung und Neigung zu Delaminationen</u>

Bei klassischen Sandwichbauteilen werden Decklagen und Kern adhäsiv miteinander verbunden. Kommt es z.B. aufgrund einer Schlagbeanspruchung zu einer Rissinitiierung, besteht die Gefahr des Risswachstums und Delaminationen zwischen den Deckschichten und dem Kern, wie in Abbildung 3 dargestellt. Aufgrund der geringen Druckbeständigkeit von Schaumkernen kann es zudem zum Kompaktieren dieser bei Biegebelastung kommen. Eine Möglichkeit zur Verbesserung der mechanischen Eigenschaften von Sandwichstrukturen stellt das Einbringen von sogenannten Armierungen dar (Dimassi 2020).

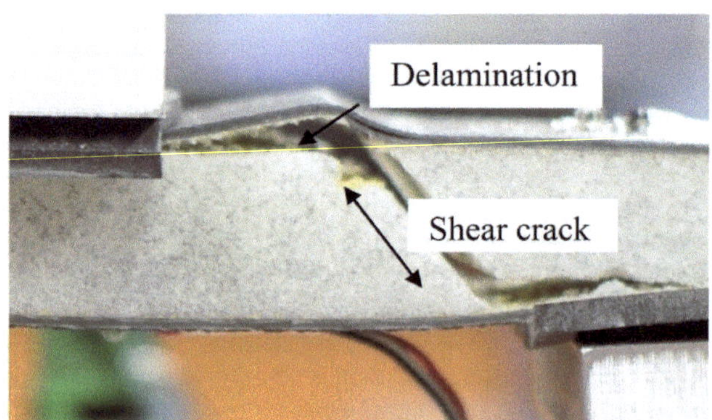

Abbildung 3: Delamination von Kern und Deckschicht (Rome 2023)

Damit sind steife und feste Materialien gemeint, die in Dickenrichtung in den Sandwichkern eingebracht werden und zur Steigerung der transversalen Eigenschaften des Kernmaterials beitragen. Außerdem kann dadurch der Widerstand gegen Delamination zwischen Kern und Deckschicht erhöht werden. Wichtige Einflussgrößen dabei sind die Armierungsdichte, also die Anzahl an Elementen pro Fläche und die als Armierungswinkel bezeichnete Orientierung der eingebrachten Strukturen zur Z-Achse der Sandwichstruktur. Eine Variante der Armierung von Sandwichstrukturen ist das Einbringen von Pins, also stabförmigen Elementen aus einem steifen und festen Material in den Kern. Diese etwa aus glasfaserverstärktem Kunststoff (GFK), kohlenstofffaserverstärktem Kunststoff (CFK), Keramik, Stahl oder Nylon bestehenden Elemente können bei Sandwichstrukturen mit polymerem Schaumstoffkern eingesetzt werden und beschränken sich auf den Bereich des Kerns oder ragen bis in die Deckschichten hinein. Über das Matrixpolymer kann so eine stoffschlüssige Verbindung von Kern und Deckschichten hergestellt werden. Durch Pins kann hauptsächlich der Widerstand gegen schälende Beanspruchung erhöht und die Zug- und Druckeigenschaften in Z-Richtung verbessert werden. Letzteres wird am stärksten durch einen Armierungswinkel von 0° erreicht, also einer Orientierung der Pins senkrecht zu den Decklagen. Eine Vergrößerung dieses Winkels führt dagegen hauptsächlich zu einer Verbesserung der Schubeigenschaften der Struktur (Roth 2006). X-Cor™ und K-Cor™ stellen kommerzielle Schaumkernkonzepte mit Pinverstärkung dar, deren Armierungswinkel und -dichte variabel einstellbar sind (Casari 2005). Abbildung 4 zeigt das Prinzip der X-Cor™-Armierung. Dabei ist es möglich, den Hartschaumstoff zu entfernen, sodass der Sandwichkern nur durch die Pins gebildet wird. (Marasco 2005).

Abbildung 4: X-Cor™-Sandwichkern (nach Marasco 2005)

Aktuelle Studien zur Pinverstärkung von Schaumkern-Sandwichmaterialien werden etwa am Faserinstitut Bremen e.V. durchgeführt (Dimassi 2016a, Dimassi 2016b, Dimassi 2020). Dabei wird die von Airbus entwickelte Tied Foam Core Technology (TFC) eingesetzt, bei der Verstärkungsfasern in Rovingform mit einer Nadel durch den Schaumkern gezogen und abgeschnitten werden (Weber 2009). Damit ist die Umsetzung von verschiedenen Stichwinkeln, Stichdichten, Stichdurchmessen und diversen Stichmustern möglich. In Dimassi et al. (2020) konnte etwa eine Verbesserung der Kompressionseigenschaften von Sandwichstrukturen mit Schaumkern durch die Implementierung von GFK- und CFK-Pins mit der TFC-Technologie erreicht werden. Ein weiteres Verfahren, welches für die Armierung von Sandwichstrukturen genutzt werden kann, stellen die klassischen Nähtechniken aus der etablierten textilen Konfektionstechnik dar. Diese Verfahren ermöglichen bei Sandwichstrukturen insbesondere die Verbesserung der transversalen mechanischen Eigenschaften. Dabei wird eine Vernähung des Textils der FVK-Decklage mit dem polymeren Schaumstoffkern vor der Sandwichherstellung umgesetzt (Stanley 2001). Für die Vernähung können verschiedene Stichtypen in Betracht gezogen werden. Weimer konnte in einem Vergleich verschiedener Stichtypen zeigen, dass der

Doppelsteppstich diverse Vorteile in der Nutzung im Preforming von FVK gegenüber anderen Stichtypen wie dem Überwendlichstich oder dem Doppelkettenstich bietet (Weimer 2002).

<u>Problemstellung 3: Hoher Herstellungsaufwand durch manuelle Handhabungsschritte</u>

Die Montage von klassischen Inserts in den Lasteinleitungsbereichen sind mit mehreren Arbeitsschritten verbunden, die häufig manuell durch eine Fachkraft ausgeführt werden. In der Fügezone des Bauteils muss zunächst die Deckschicht entfernt und das Kernmaterial ausgefräst werden. Anschließend wird das Insert in der Schäftung positioniert und der Spalt zwischen Insert und Schäftung mit Kernfüllmasse aufgefüllt. Je nach Kernfüllmasse muss das Bauteil für mehrere Stunden oder Tage aushärten bevor das Insert zum ersten Mal belastet werden kann. Je nach Komplexität der Bauteile steigen die Fertigungsschritte und die Fertigungszeit, was zu höheren Kosten führt.

Im Projekt wird ein Verfahren zur Optimierung der Lastaufnahme von Faserverbund-Sandwichstrukturen entwickelt. Durch die Integration textiler Preformingverfahren in den Fertigungsprozess und die Verwendung von gewindefurchenden Schrauben zur Lasteinleitung lassen die manuellen Handhabungsschritte im Vergleich zum beschriebenen Verfahren reduzieren. So entfallen beim LaVeSa-Verfahren folgende Handhabungsschritte:

- Einbringung von Kernfüllmasse und Hartgewebe an der Insert Position
- Vor- und Nachbereitung für Autoklav Prozess
- Bohren oder Fräsen der Hohlräume für Inserts
- Vorbereitung und Positionierung der Inserts in Hohlräume
- Injektion der Kernfüllmasse
- Nacharbeiten des Insert Bereiches

Neben der Reduzierung der Handhabungsschritte entfällt beim LaVeSa-Verfahren das Aushärten der Kernfüllmasse. Je nach Typ der Kernfüllmasse kann dieser Schritt zwei bis 24 Stunden dauern. In dieser Zeit darf das Bauteil nicht belastet werden.

2. Forschungsziel und Lösungsweg

Aufgrund ihrer hohen spezifischen Festigkeit und Steifigkeit verfügen Faserverbundkunststoffe (FVK) im Vergleich zu herkömmlichen Werkstoffen, wie beispielsweise metallischen Komponenten, über ein besonders hohes Leichtbaupotenzial (Schürmann 2011). Die Herstellung solcher Faserverbundkunststoffe ist meist mit einem hohen Energieaufwand und einem hohen Anteil händischer Tätigkeiten verbunden, weshalb das Anwendungsspektrum dieser Materialklasse vergleichsweise begrenzt ist. In diesem Kapitel wird das Forschungsziel des Projekts vorgestellt, der Lösungsweg präsentiert und Bezug auf die wirtschaftliche Relevanz für kleine mittelständische Unternehmen (KMU) genommen.

2.1 Forschungsziel

Das Ziel des Projekts ist die Entwicklung eines Verfahrens zur Optimierung der Lastaufnahme von Faserverbund-Sandwichstrukturen durch Integration textiler Preformingverfahren in den Fertigungsprozess. Im Forschungsvorhaben wird demonstriert, dass die mechanischen Eigenschaften von Faserverbund-Sandwichstrukturen in Lasteinleitungsbereichen mit Fügeelementen, wie gewindefurchende Schrauben, durch lokale, lastgerechte Endlosfaserverstärkungen verbessert wird und dass die Belastbarkeit von Sandwichstrukturen in Dickenrichtung durch Vernähen erhöht sowie die Neigung zur Delamination gleichzeitig reduziert wird.

Zu diesem Zweck werden Endlosfasern entlang vorgesehener Lasteinleitungsbereiche mithilfe des TFP-Verfahrens direkt auf dem Schaumkern oder indirekt auf den Decklagen abgelegt und die textilen Decklagen mit dem Schaumkern vernäht. Im Anschluss wird der Aufbau im Vakuuminfusionsverfahren mit einem duroplastischen Matrixsystem durchtränkt und ausgehärtet.

Der Einfluss der gewählten Parameter sowie der eingesetzten Materialien auf den textilen Preformingprozess und das Infusionsverhalten werden analysiert. Die Eigenschaften der Sandwichbauteile werden im Rahmen von Laboruntersuchungen ermittelt sowie mit Referenzmaterialen und Literaturwerten verglichen.

2.1.1 Angestrebte wissenschaftlich-technische Forschungsergebnisse

Folgende wissenschaftlich-technische Ergebnisse sind nach erfolgreichem Projektabschluss angestrebt:

- Textiltechnische Umsetzung von individualisierten und verstärkten Sandwichpreforms
- Untersuchung des Infusionsverhaltens in Abhängigkeit der eingesetzten Materialien und der gewählten textilen Verarbeitungsparameter für die verstärken lokalen Lasteinleitungen
- Darstellung des Zusammenhangs zwischen der Konstruktion der Verstärkungsstrukturen, den Verarbeitungsparametern des textilen Prozesses, der weiteren Verarbeitungseigenschaften und der erreichbaren Materialeigenschaften
- Ableitung von Konstruktionsrichtlinien für die Herstellung lokal lastgerecht verstärkter Sandwichbauteile
- Verbesserung der charakteristischen mechanischen Eigenschaften von Faserverbundsandwichstrukturen, z. B. Erhöhung der Zugfestigkeit senkrecht zur

Sandwichplatte um ca. 50 %, Erhöhung der Druckfestigkeit um bis zu 150 % und Erhöhung des Widerstands gegen schälende Beanspruchung um bis zu 100 %
- Reduzierung der Rissausbreitung und Verbesserung der Fail-Safe Eigenschaften durch Erhöhung der Schubfestigkeit durch die rissstoppende Funktion der Vernähung

Darüber hinaus werden nach erfolgreichem Projektabschluss folgende wirtschaftliche Ergebnisse erwartet:

- Reduzierung der manuellen Herstellungsschritte zur Verbindung von Kernmaterial und Decklagen in der Herstellung sowie zur Integration von Lasteinleitungselementen in Sandwichstrukturen
- Verlagerung der Wertschöpfungskette vom Bauteil-Entstehungsprozess hin zum textilen Halbzeug
- Steigerung des Marktanteils von Firmen der Textilindustrie, insbesondere KMU, und Erschließung neuer Absatzmärkte durch Integration textiler Prozessschritte in den Herstellungsprozess von Sandwichbauteilen
- Steigerung des Marktanteils von Anwendern durch das Alleinstellungsmerkmal der Verwendung von individualisierten Sandwichstrukturen

2.1.2 Innovativer Beitrag und erwarteter wissenschaftlicher Nutzen der angestrebten Forschungsergebnisse

Sandwichmaterialien werden häufig in großflächigen Platten- und Schalenstrukturen eingesetzt, um eine Reduzierung des Gewichts der Gesamtstrukturen zu erreichen. Für den Einsatz lastgerecht verstärkter Faserverbund-Sandwichstrukturen ergibt sich ein breites Anwendungsfeld in verschiedenen Branchen, die nachfolgend beschrieben werden.

Flugzeugbau:

In Flugzeugen werden Sandwichstrukturen vor allem in Interieur Bauteilen, Verkleidungen und Bodenplatten eingesetzt, um das Flugzeuggesamtgewicht zu reduzieren und somit den Treibstoffverbrauch und CO_2 Ausstoß zu senken und die Nutzlast zu erhöhen. Aktuell werden bei diesen Sandwichstrukturen fast ausschließlich Honigwaben als Kern verwendet. Dies hat eine aufwendige Fertigung zur Folge. Durch den Einsatz von Schaumkernen könnten die Fertigungskosten reduziert werden (Heimbs und Pein 2009). 2019 steigerte die Zivilluftfahrt in Deutschland ihren Umsatz um 10 % auf 32 Mrd. Euro und beschäftigte 81.000 Menschen (BMWI 2021).

Boots- und Yachtbau

Im Boots- und Yachtbau werden zunehmend Leichtbaumaterialien und -Strukturen eingesetzt. Dadurch kann der Treibstoffverbrauch reduziert, die Geschwindigkeit der Wasserfahrzeuge erhöht und die Handhabung erleichtert werden. Kunden dieser Branche, legen viel Wert auf die individuelle Ausstattung, auch im Interieur Bereich, die an ihre Bedürfnisse angepasst ist. Im Boots- und Yachtbau werden Sandwichstrukturen sowohl im Rumpf als auch im Interieur sowie bei der Außenverkleidung verwendet. Die Branche ist durch handwerkliche Werften sehr KMU dominiert. Laut Deutsche Boot- und Schiffbauer Verband, mit 420 Mitgliedsbetrieben und 10.000

Beschäftigten, haben 317 der Betriebe weniger als 10 Beschäftigte (DBSV 2019). Der gesamte Seeschiffbau in Deutschland, zu dem auch Werften für Kreuzfahrt- und Spezialschiffe zählen, erwirtschaftete 2019 einen Umsatz von 5,7 Mrd. Euro (BMWI 2021).

Nutzfahrzeuge

Aufbauten von Nutzfahrzeugen und Kleintransportern werden häufig aus Sandwichstrukturen aufgebaut und über Lasteinleitungspunkte mit der Rahmenstruktur verbunden. Eine Reduzierung des Fahrzeuggewichtes wird angestrebt, um das Potential des Laderaums, bei einem gleichbleibenden zulässigen Gesamtgewicht, besser auszuschöpfen. Entsprechende sicherheitsrelevante Aspekte und Fahrzeugverschleiß kommen hierbei genauso zum Tragen wie bei Freizeitfahrzeugen. Durch den gewerblichen Einsatz der Nutzfahrzeuge besteht ein Interesse an einer möglichst großen Zuladung der zu transportierende Güter. Die Nutzfahrzeugbranche beschäftigt in Deutschland 180.000 Menschen (VDA 2021). Vor der Coronapandemie im Jahr 2019 machte die Nutzfahrzeugbranche einen Umsatz von 12,2 Mrd. Euro (VDA 2020).

Caravaning-Markt

Bei Reisemobilen und Caravans werden häufig sowohl die Seitenwände als auch Fahrzeug- und Zwischenböden sowie Dächer aus Sandwichmaterialien aufgebaut (Siebenpfeiffer 2014). Dabei ist oft eine große Anzahl an Lasteinleitungspunkten für die Befestigung vorzusehen, um die zahlreiche Interieur Bauteile wie Schränke, Haken oder weitere Anbauten zu befestigen. Das Interesse an Caravan-Urlauben in Deutschland steigt seit Jahren stetig an. In den vergangenen Jahren verzeichnete der deutsche Caravaning Industrie Verband e.V. (CIVD) ein starkes Marktwachstum. So stieg die Produktion von 2017 zu 2018 um 7,9 % auf insgesamt 74.754 Fahrzeuge (CIVD 2020). Die Caravan Industrie beschäftigt in Deutschland rund 20.000 Menschen (CVID 2021)

Zusammenfassend werden folgende Ergebnisse angestrebt, um damit einen Mehrwert für KMU zu generieren:

- Höhere Belastbarkeit der Faserverbund-Sandwichstrukturen führt durch lastgerechte Textilverstärkung zu innovativen neuen Produkten
- Zusätzlicher textiler Verarbeitungsschritt in Herstellung von Faserverbund-Sandwichstrukturen ermöglicht neue Geschäftsfelder für textilverarbeitende KMU
- Automatisierte Verarbeitung auf Tailored Fibre Placement (TFP)-Anlagen ermöglicht eine Reduktion der Gesamtfertigungszeit für Sandwichstrukturen.
- Geringerer Ressourceneinsatz durch die gezielte Ablage von Verstärkungsfasern im TFP-Verfahren
- Verringerung der Bauteilkosten und des Bauteilgewichts von Faserverbund-Sandwich-strukturen
- Möglichkeit der Funktionsintegration in Sandwichstrukturen
- Hoher Individualisierungsgrad wirtschaftlich umsetzbar

2.2 Lösungsweg zur Erreichung des Forschungsziels

Um die dargestellten Ziele zu erreichen, wurde ein neuartiger Fertigungsprozess zur Herstellung individualisierbar verstärkter Faserverbund-Sandwichstrukturen entwickelt. Dazu wurden die im Stand der Technik erläuterten Verfahren der textilen Verstärkung von Sandwich- und Faserverbundstrukturen in Z-Richtung sowie die das TFP-Verfahren zur Ablage kraftflussgerechter Endlosfaserverstärkungen in Lasteinleitungsbereichen miteinander kombiniert. Zur Herstellung von lastgerecht verstärkten Sandwichstrukturen wurden die in der folgenden Abbildung 5 dargestellte Prozesskette eingesetzt.

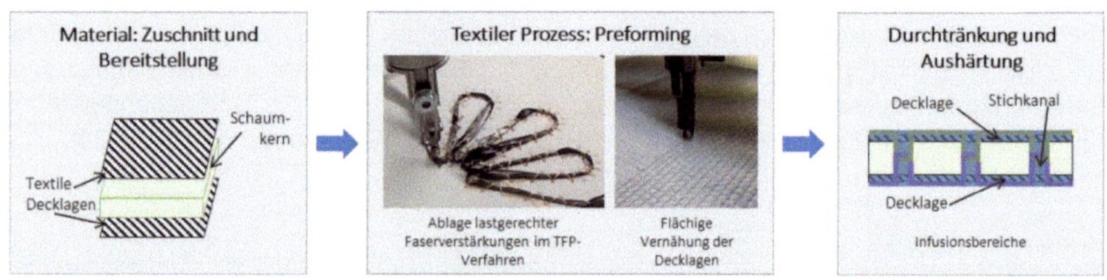

Abbildung 5: Prozesskette zur Herstellung lastgerecht verstärkter Sandwichstrukturen

Schaumkern und Decklagen werden flächig vernäht. Die verwendeten Nähgarne bilden dabei Faserverstärkungen in Z-Richtung in den Stichkanälen. Bei der Durchtränkung mit der Matrix bilden sich durch die Imprägnierung der Nähgarne in Dickenrichtung lokale faserverstärkte Pin-Strukturen aus. Dadurch wird die Strukturmechanik innerhalb des Verbundwerkstoffes verbessert. Zudem dient das Vernähen von Kern und Decklagen der Fixierung der unterschiedlichen Werkstoffe aneinander, sodass Delaminationen reduziert werden. Ergänzend werden auf die Schaumkerne in lasteinleitenden Bereichen lokal kraftflussgerechte Verstärkungsstrukturen aus Endlosfasern im TFP-Verfahren aufgestickt. Dazu werden unter Berücksichtigung der besonderen Eigenschaften von Schaumkernen als Stickgrund entsprechende Stickgeometrien konstruiert und anhand generischer Lastfälle für Fügelemente ausgelegt. Es wird ein Baukastensystem für die textile Verstärkung unterschiedlicher Lastfälle geschaffen. Die hergestellten Sandwich-Halbzeuge werden in einem nachfolgenden Prozessschritt mithilfe der Vakuuminfusionstechnologie mit der Matrix durchtränkt. Die anschließende Lasteinleitung in die Sandwichstruktur erfolgt mittels direkt Verschraubung in die textile Verstärkung.

Im Rahmen des Projekts wurden daher die Verarbeitungseigenschaften von Schaumkernen in Kombination mit textilen Materialien im textilen Preformingprozess/Konfektionierungsprozess sowie die Infusionseigenschaften textil verarbeiteter Sandwichhalbzeuge untersucht.

Der Versuchsplan wurde nach der Durchführung von Vorversuchen mithilfe der statistischen Versuchsplanung erstellt. Es wurde erwartet, dass die im textilen Verarbeitungsprozess gewählten Parameter (Stichdurchmesser, Garndichte, Stichabstand) sowohl die Verarbeitungseigenschaften im textilen Prozess selbst als auch auf die Verarbeitung im Infusionsverfahren und resultierenden mechanischen Eigenschaftender gefertigten Sandwichplatten beeinflussen.

2.2.1 Textiler Prozess

Lokal anpassbare Faserorientierungen, welche das Problem der punktuellen Lasteinleitung lösen könnte, lassen sich mit verschiedenen Textilverfahren technisch umsetzen. Eine Möglichkeit hierzu stellt das TFP-Verfahren dar. Die TFP-Technologie ist ein direktes Preforming-Verfahren zur computergesteuerten Ablage von Fasern. Das Ziel der auf klassischen Stickverfahren beruhenden Technologie ist die Realisierung von möglichst flexiblen Orientierungen der Verstärkungsfasern in einem Faserverbundkunststoff (FVK)-Bauteil. Dazu werden die Fasern in Rovingform zugeführt, auf einem Trägermaterial abgelegt und dort mit einem Nähfaden fixiert. In einer Zickzack- Bewegung wird mit dem Nähfaden auf beiden Seiten des zugeführten Rovings jeweils ein Stich gesetzt und so eine örtliche Fixierung der Verstärkungsfasern realisiert (siehe Abbildung 6 links). Die nähtechnische Fixierung wird mittels eines Zweifadensystems aus Ober- und Unterfaden im Doppelsteppstich umgesetzt. Der Stich ist dabei so modifiziert, dass der Unterfaden möglichst gerade an der Unterseite des Stickgrunds verbleibt. Somit kann der Volumenanteil des Nähfadens im späteren FVK-Bauteil mit 2 bis 3 % möglichst geringgehalten werden (Spickenheuer 2014). Die Fixierung des Rovings durch den Nähfaden ist in Abbildung 6 auf der rechten Seite dargestellt. Die wichtigsten Parameter dabei bilden die Stichweite und der Stichabstand. Letzterer definiert den Abstand zwischen zwei Einstichpunkten der Nadel quer zur Rovingablagerichtung, also die maximale Auslenkung der Zickzack-Bewegung. Die Stichweite beschreibt den Abstand zwischen zwei Stichen in Ablagerichtung (Uhlig 2017).

**Abbildung 6: Schematische Darstellung des Funktionsprinzips der TFP-Technologie (links);
Fadenfixierung (rechts) (nach Spickenheuer 2014)**

Das TFP-Verfahren ermöglicht die Herstellung von Preforms mit variabel axialen Faserverläufen, wodurch die orthotropen Fasereigenschaften in FVK belastungsgerecht genutzt werden können. Darüber hinaus besteht die Möglichkeit, bestehenden textilen Halbzeugen lokal Verstärkungsfasern aufzusticken (bspw. Gliesche 2003). Die Entwicklung des Verfahrens begann in den 1990er-Jahren am Leibniz-Institut für Polymerforschung Dresden e.V. (Crothers 1997; Gliesche und Feltin 1996; Mattheij 1998). Anfangs noch manuell durchgeführt, bildeten horizontal arbeitende Stickautomaten (Flachbettstickautomaten) mit einer Bändchenkopfablagevorrichtung die ersten Ansätze einer automatisierten Umsetzung der variabelaxialen Fixierung von Faserbündeln auf einem Grundmaterial. Grundsätzlich läuft der TFP-Prozess so ab, dass das Basismaterial, welches auch als Stickgrund bezeichnet wird, unter dem 360° rotierbaren Stickkopf bewegt wird (siehe Abbildung 7). Die Bewegung wird über den sog. Bordürenrahmen ausgeführt, in den der Stickgrund eingespannt ist.

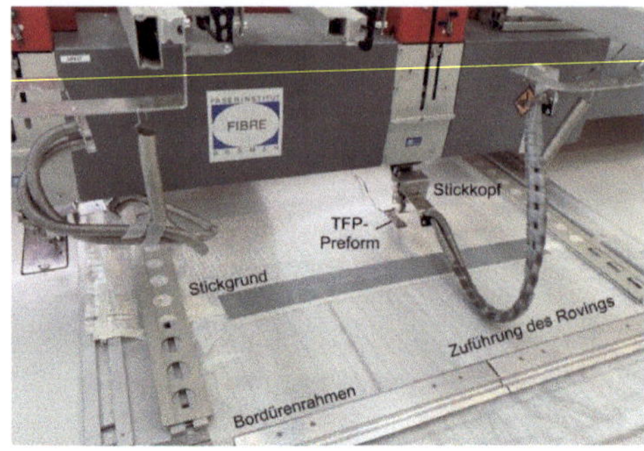

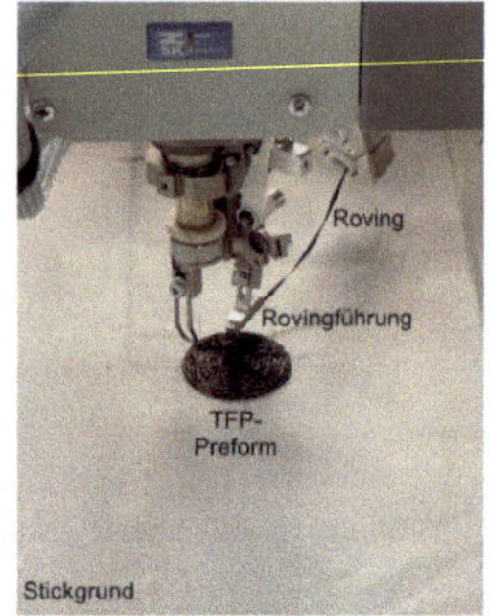

TFP- Anlage *Detailansicht Stickkopf*

Abbildung 7: TFP-Anlage des Faserinstitut Bremen e.V.

Die Rovingführung pendelt dabei hin und her und ermöglicht so die Platzierung der Stiche seitlich neben dem Roving. Durch die Rotation des Stickkopfes ist es möglich, zwischen den einzelnen Schritten den Fadenorientierungswinkel anzupassen und somit die variable Orientierung der Fasern bei der Rovingalage zu erreichen. Die Zuführung des Rovings erfolgt über eine direkt am Stickkopf sitzende Spule, die allerdings durch die geringe Größe nur begrenzt Rovingmaterial liefern kann. Eine andere Möglichkeit bildet die Nutzung einer außerhalb des Stickkopfes sitzenden Spule, die folglich größer sein kann. Problematisch dabei ist, dass die Zuführung des Rovings zum Stickkopf über ein Schlauchsystem erfolgen muss. Dadurch ist die Rotation des Kopfes auf einen Drehwinkel von 270° beschränkt, da sich der Roving mit dem Schlauchsystem ansonsten um den Stickkopf wickeln würde. Bei Nutzung der Kopfspule dagegen kann sich der Nähkopf frei drehen (Spickenheuer 2014).

Mit der TFP-Technologie können verschiedenste Verstärkungsfasermaterialien verarbeitet werden. Möglich sind Rovings aus organischen Fasern wie Hanf oder Jute, genauso wie Kohlenstofffasern (CF), Aramidfasern (AF) oder Glasfasern (GF). Auch metallische Drähte können verarbeitet werden. Am verbreitetsten ist die Verwendung von CF-Rovings (HT-Typ), wobei die gängigen Stärken von 3 k bis 50 k verarbeitbar sind. Je nach Roving sind dabei unterschiedlich kleine Radien bei der Rovingablage realisierbar, bevor es etwa zu Fadenbrüchen kommt. Für CF-Rovings sind minimale Radien von 5 mm bis 20 mm gängig (Uhlig 2017). Ebenfalls zu beachten ist dabei, dass die Einzelfilamente immer das Bestreben haben, die eigene Dehnung oder Stauchung zu minimieren und der neutralen Faser zu folgen. Aus diesem Grund kommt es bei der Ablage von kleinen Radien zu einem Aufstellen des Rovings (Breite nimmt ab, Höhe nimmt zu) und dadurch zu Lücken in der Schicht. Maximal wird dieser Effekt etwa an Wendestellen, da hier minimale Radien zu realisieren sind (siehe Abbildung 8).

Abbildung 8: Aufstellen des Rovings an Wendestellen beim TFP-Prozess (Uhlig 2017)

Als Stickgrund eignen sich alle Materialien, die von einer Nadel durchdrungen werden können. Eingesetzt werden vor allem Gelege, Gewebe, Gewirke oder Vliese aus CF oder GF sowie Papiere oder Polymerfolien. Letztere werden hauptsächlich in Verbindung mit thermoplastischen Matrizes verwendet, da dann Folien aus dem gleichen Material wie die Matrix genutzt werden können (Spickenheuer 2014). Durch das Vernähen werden Welligkeiten in das Rovingmaterial gebracht. Daher sollte das Nähfadenvolumen so gering wie möglich gehalten werden, weshalb im TFP-Prozess möglichst feine Nähgarne verwendet werden. Verbreitet ist hier die Nutzung von dünnen Polyester- Fäden mit einer Feinheit von 8 tex bis 10 tex (Uhlig 2017).

Die Erstellung und spätere Anpassung von TFP-Stickmusterdateien erfolgen meist manuell mit 2D-CAD-Programmen oder spezieller Software. Die Umwandlung der als Linienzüge vorgegebenen Ablageverläufe in Stichdateien wird als Punchen bezeichnet und wird meist über, für das dekorative Sticken entwickelte Programme, mit angepassten Funktionalitäten umgesetzt. Eine speziell für das technische Sticken entwickelte Software stellt EDOpath dar, in die extern erzeugte Stickmusterdateien importiert und optimiert werden können (Bittrich 2012). Solche Punchprogramme sind in ihrer Funktionalität bspw. mit einer Software für das Computer Aided Manufacturing (CAM) für die spanende Metallbearbeitung vergleichbar. Jeweils werden klassische CAD-Dateien unter definierten Restriktionen für die automatisierte Verarbeitung in einem bestimmten Fertigungsprozess vorbereitet. Mittels EDOpath kann bspw. eine automatische Optimierung der Stichanzahl und -lage unter Einbezug der lokalen Faserkrümmung umgesetzt werden (Spickenheuer 2014). Beispiele der TFP-Technologie in industriellen Anwendungen bilden der CFK-Fensterrahmen des AIRBUS A350, der seit 2010 in Serienfertigung produziert wird, oder der Roboterarm KR40PA der Firma KUKA (Khodunov et al. 2021). Weitere Beispiele aus der industriellen Fertigung bilden die Mittelkonsole des Bugatti Veyron (Grothaus und Pawelski 2007) oder ein mittels TFP lokal verstärktes Bahnkupplungselement (Kroll 2012). In der Orthopädietechnik kann die TFP-Technologie für die Erstellung von Orthesen eingesetzt werden (Spickenheuer 2022). Eine Anwendung der TFP-Technologie im Bereich der Sandwichstrukturen wurde in Khaliulin et al. (2020) untersucht, wo mit dem Verfahren strukturierte Kernmaterialien hergestellt wurden. Während eine Anwendung der TFP-Technologie für open-hole-Strukturen oder bolzenbelastete Bauteile Gegenstand vieler Studien ist (bspw. Li 2002; Preusler 1998; Spickenheuer 2009), wurde noch keine Anwendung für die Verstärkung von Lasteinleitungsbereichen bei FVK-Sandwichstrukturen untersucht.

Mit der TFP-Technik wurden am FIBRE bereits Anwendungen in der Luft- und Raumfahrt, im Automobilbau, im Anlagenbau und im Sportbereich entwickelt und umgesetzt (Schiebel 2012; Arnaut 2015 a; Fette 2017). Einen Forschungsschwerpunkt bildet hierbei die Entwicklung von Lasteinleitungselementen für FKV.

In dem Forschungsvorhaben "Kraftflussgerechte Verstärkungselemente für Lasteinleitungs-bereiche von langfaserverstärkten Thermoplastbauteilen (Pressformschlaufen)" (IGF-Nr.: 17656 N) wurden Verstärkungselemente entwickelt und in einen Formpressprozess, sowie einen Spritzgießprozess integriert. Mit Hilfe einer Topologieoptimierung wurden für vier verschiedene Lastfälle (Zugkraft, Querkraft, Torsion und Torsion + Querkraft) die Hauptspannungsverläufe an einer ebenen Platte ermittelt und für mehrere Geometrievarianten Verstärkungselemente entwickelt, hergestellt und in den LFT-Formpressprozess integriert (Arnaut 2015 a, Arnaut 2015 b und Arnaut 2017). In Abbildung 9 sind die Ergebnisse der angesprochenen Lastfälle auf der linken Seite und ein TFP-Verstärkungselement auf der rechten Seite dargestellt.

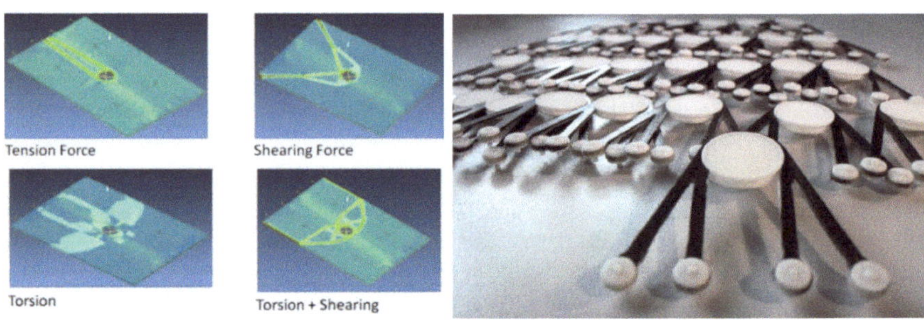

Abbildung 9: Restvolumina von Verstärkungseinlegern für verschiedene Lastfälle (links) und TFP-Verstärkungselemente (rechts)

2.2.2 Vakuuminfusionsprozess

Für die Herstellung von Sandwichstrukturen steht eine Vielzahl verschiedener Verfahren zur Verfügung, deren Einsatz hauptsächlich von der Auswahl der Materialien für die Deckschichten und den Kern, der angestrebten Stückzahl und der Bauteilgeometrie abhängt (Roth 2006). Wichtige Verfahren für die Herstellung von Sandwichstrukturen mit FVK- Deckschichten sind etwa das Verkleben der einzelnen Komponenten, Handlaminier-, Press-, Wickel- und Autoklav Verfahren (Flemming 2013; Wiedemann 2007; Zenkert 1997). Eines der wichtigsten Fertigungsverfahren für FVK- Sandwichstrukturen stellen dabei die unterschiedlichen Varianten des Liquid Composite Moulding (LCM) dar. Diese bieten eine Vielzahl an Vorteilen, wie etwa die Realisierbarkeit eines hohen Faservolumengehalts und damit insgesamt leichteren Strukturen, eine hohe Oberflächenqualität sowie eine allgemein hohe Werkstoffqualität. Des Weiteren bestehen wirtschaftliche Vorteile wie ein hoher Grad an Automatisierbarkeit, weshalb diese Verfahren auch in der Industrie bevorzugt eingesetzt werden (Neitzel 2014).

Dem eigentlichen Sandwich-Herstellungsprozess sind häufig sogenannte Performing-Prozesse vorgeschaltet. Damit ist die bauteilgetreue Fixierung eines ein- oder mehrlagigen, trockenen textilen Halbzeugs aus Verstärkungsfasern für die Sandwich-Decklagen gemeint. Diese als Vorformling oder Preform bezeichnete Struktur kann dann im LCM-Verfahren weiterverarbeitet werden. Durch einen möglichst hohen Automatisierungsgrad dieses Prozesses können einerseits die Fertigungszeiten und -kosten reduziert und andererseits eine kontinuierliche, hohe Qualität der FVK-Strukturbauteile gewährleistet werden. Bei den Performing-Verfahren wird zwischen dem direkten und dem sequentiellen Performing unterschieden. Bei sequentiellen Performing-Verfahren, welche der Differentialbauweise zuzuordnen sind, wird die Preform in einem mehrstufigen Prozess aus Textilzuschnitt, Lagenaufbau, Drapierung und anschließender Fixierung hergestellt. Dazu zählt etwa die Binder-Umform-Technik. Direkte Performing-Verfahren dagegen stellen einen einstufigen Prozess dar, in dem eine meist dreidimensionale Preform aus Endlosfasern in Roving- form hergestellt wird (Cherif 2011). Zu den direkten Performing-Verfahren gehört das Tailored Fibre Placement (TFP), welches zur Herstellung der textilen Verstärkungsstrukturen für die Lasteinleitungsbereiche von FVK-Sandwichstrukturen wird.

Die LCM-Verfahren ermöglichen die Herstellung von FVK-Sandwich-Bauteilen mit komplexen Geometrien. Grundsätzlich weisen die verschiedenen Verfahren einen ¨ähnlichen Ablauf auf: Die trockene textile Preform der Decklagen wird zusammen mit dem Kernmaterial in der Kavität des Werkzeugs platziert und mit dem flüssigen, meist niedrigviskosen Harzsystem imprägniert. Nach der anschließenden Aushärtung, kann das Bauteil entnommen und direkt weiterverarbeitet werden. Die adhäsive Anbindung der Deckschichten an den Kern erfolgt also direkt im Fertigungsprozess über das Matrixsystem der Deckschichten (Flemming 2013).

Die wichtigsten klassischen LCM-Verfahren sind das Resin Transfer Moulding (RTM), das Structural Reaction Injection Moulding (SRIM), das Vacuum Assisted RTM (VARTM) und verschiedene Varianten der Vakuuminfiltrationsverfahren (Vacuum Assisted Resin Infusion - VARI). Die ersten drei der genannten Verfahren haben gemeinsam, dass das flüssige Harzsystem unter Druck in die Kavität des Werkzeugs injiziert wird. Die Verfahren unterscheiden sich durch den dabei aufgebrachten Druck bzw. durch das zusätzliche Anlegen eines Vakuums beim VARTM-Verfahren. Dem gegenüber steht das VARI-Verfahren, bei dem die Imprägnierung der textilen Preform über ein Vakuum ohne zusätzlichen Druck erzeugt wird. Generell kann innerhalb der LCM-Verfahren zur Herstellung von FVK-Sandwich- Bauteilen also zwischen den Harzinfusions- und den Harzinjektionsverfahren differenziert werden (Zahlen 2013).

Die Kavität, also das Volumen im Werkzeug, in welches die textile Preform eingelegt und dann mit dem Harzsystem imprägniert wird, muss dabei nicht immer ein Hohlraum in einem geschlossenen Metallwerkzeug sein. Genauso kann damit der Raum gemeint sein, der sich bei einem sogenannten offenen Formwerkzeug bildet. Die Kavität entsteht dabei unter einer flexiblen Abdeckung, etwa einer Folie, die auf dem Formwerkzeug luft- und harzdicht aufgebracht wird. Die Bauteilgeometrie wird dabei über ein einseitig festes Werkzeug erreicht. Abbildung 10 verdeutlicht den Unterschied zwischen Harzinfusions- und -injektionsverfahren sowie die Varianten des offenen und geschlossenen Formwerkzeugs. Dabei wird auch ersichtlich, dass eine Harzinjektion mit offenem Formwerkezug bei Atmosphärendruck nicht möglich ist, da sich die Abdeckung in diesem Fall aufblähen würde und die angestrebte Bauteilgeometrie nicht erreicht werden kann (Zahlen 2013).

Die verschiedenen Varianten der LCM-Verfahren haben diverse Vor- und Nachteile. Außerdem steht eine Vielzahl an Bewertungskriterien zur Verfügung, sodass für verschiedene Anwendungen unterschiedliche Bewertungskriterien anzuwenden und individuell zu gewichten sind. Zahlen (2013) liefert einen ausgiebigen Vergleich eines Harzinfusionsverfahrens mit offenem Formwerkzeug und einem Harzinjektionsverfahren mit geschlossenem Formwerkzeug.

Diese Gegenüberstellung zeigt, welche Kriterien zu beachten sind und verdeutlicht, wie diese je nach Anwendung zu gewichten sind.

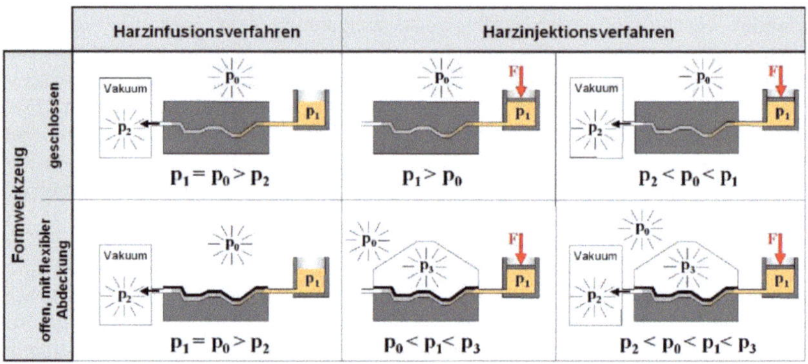

Abbildung 10: Vergleich von Harzinfusions- und Harzinjektionsverfahren (nach Zahlen 2013)

2.3 Wirtschaftliche Relevanz für KMU

Sandwichmaterialien werden in verschiedenen Bereichen für großflächige Schalen- oder Platten-Strukturen, wie beispielsweise Flugzeuginterieurbauteile, im Yachtbau oder als Wohnwagenwände eingesetzt (Zenkert 1997). Die Vorteile von Sandwichmaterialien sind ihre guten spezifischen mechanischen Eigenschaften wie hohe Biegesteifigkeit und -festigkeit, thermischen Isolationseigenschaften sowie ein hohes Dämpfungs- und Schallabsorptionsvermögen (Castanie 2020). Nachteilig ist jedoch der hohe Fertigungsaufwand der Platten sowie eine geringe Belastbarkeit gegenüber punktuell Beanspruchungen, insbesondere Impactbelastungen, die Neigung zu Delaminationen sowie die aufwändige Integration von Lasteinleitungselementen in die Strukturen (Castanie 2020). Durch Einsatz des im Rahmen des Projekts entwickelnden Verfahrens werden bestehende Nachteile von Faserverbund-Sandwichstrukturen erheblich reduziert. Dadurch können bisherige Anwendungen optimiert und neue Anwendungsfelder erschlossen werden. Die textilen Arbeitsschritte können durch Unternehmen der Textilindustrie übernommen werden. Diese ist stark KMU dominiert, da 94 % der Unternehmen weniger als 250 Mitarbeiter beschäftigen und den mit 44 % größten Anteil Unternehmen mit weniger als 49 Mitarbeiter ausmachen (Gesamtverband Textil & Mode 2018). Die Textilindustrie kann mit individualisierten, lastgerecht verstärkten Sandwichhalbzeugen ihr Produktportfolio erweitern.

3. Durchgeführte Arbeiten und Ergebnisse

In den nachfolgenden sechs Unterkapiteln werden je Hauptarbeitspaket (HAP) die durchgeführten Arbeiten in den einzelnen Arbeitspaketen (AP) des Projekts detailliert vorgestellt und die erzielten Ergebnisse präsentiert.

3.1 Konzeption und Spezifikation (HAP 1)

Im Rahmen von AP1 wurden die Spezifikationen für die weiteren Arbeiten des Projekts festgelegt. Die Arbeiten in diesem AP wurden in enger Abstimmung mit den teilnehmenden Unternehmen des projektbegleitenden Ausschusses (PbA) durchgeführt, um bei der Auswahl entsprechender Geometrien und Materialien sowie gleichzeitig die fertigungstechnischen Möglichkeiten und die Anforderungen möglicher Anwender zu berücksichtigen.

3.1.1 Auswahl einer Referenzgeometrie & Anforderungen an Demonstrator

Im ersten AP wurden die Festlegung einer Referenzgeometrie der Probekörper und die Erstellung eines Lastenhefts für die Demonstratorstruktur zielführend verfolgt und umgesetzt.

Bei der Festlegung der Referenzgeometrie mussten zunächst limitierende Faktoren der Prozessschritte wie etwa der Anlagen berücksichtigt werden. Die Herstellung von Sandwichbauteilen erfolgte mit der am FIBRE befindlichen TFP-Anlage des Typs JGW 0200-550 der ZSK Stickmaschinen GmbH (Krefeld, Deutschland). Bei der Verarbeitung von Sandwichbauteilen besteht bei der TFP-Anlage des FIBRE eine räumliche Begrenzung der Sandwichbauteile. Die Gesamthöhe des Aufbaus ist auf 10 mm limitiert. Es lassen sich somit nur Schaumkerne mit einer Höhe von 8 mm verarbeiten, um noch Platz für die TFP-Patches bzw. Decklagen zu haben. Bei der Bauteilfläche besteht eine Begrenzung von 1.000 mm in der Länge und 600 mm in der Breite. In Abstimmung mit dem Projektbegleitenden Ausschuss (PbA) wurde eine Referenzgeometrie mit folgenden Bedingungen definiert:

- ebene Sandwichstruktur
- max. Schaumkerndicke von 8 mm
- max. Länge der Referenzgeometrie von 1.000 mm
- max. Breite der der Referenzgeometrie von 600 mm

Je nach Geometrie der Probekörper und deren Anzahl konnte die Größe (Länge und Breite) der Referenzgeometrie angepasst werden. In Tabelle 1 sind die Abmaße sowie die benötigte Anzahl an Probekörpern der sechs durchgeführten mechanischen Charakterisierungen aufgelistet. Die benötigten Probekörper konnten aus vier Probekörperplatten entnommen werden. In Abbildung 11 sind die vier Platten inklusive der Positionierung der der Probekörper dargestellt. Ein Randbereich von 50 mm wurde bei allen Probekörperplatten freigehalten.

Prüfmethode	Norm	Länge [mm]	Breite [mm]	Anzahl
Bestimmung der Biegeeigenschaften im 4-Punkt-Biegeversuch	DIN 53 293	220	25	Min. 5
Bestimmung der Schereigenschaften im 4-Punkt-Biegeversuch	ASTM C393-00 / C 393M	200	75	Min. 5
Pull-Out Versuch	Keine Norm vorhanden	130	130	Min. 5
Shear-Out Versuch	Keine Norm vorhanden	175	130	Min. 5
Bestimmung der Druckfestigkeit nach Schlagbeanspruchung	DIN 65 561	150	100	Min. 5
Bestimmung des Schälwiderstandes im Trommelschälversuch	DIN EN 2243-2	300	75	Min. 5

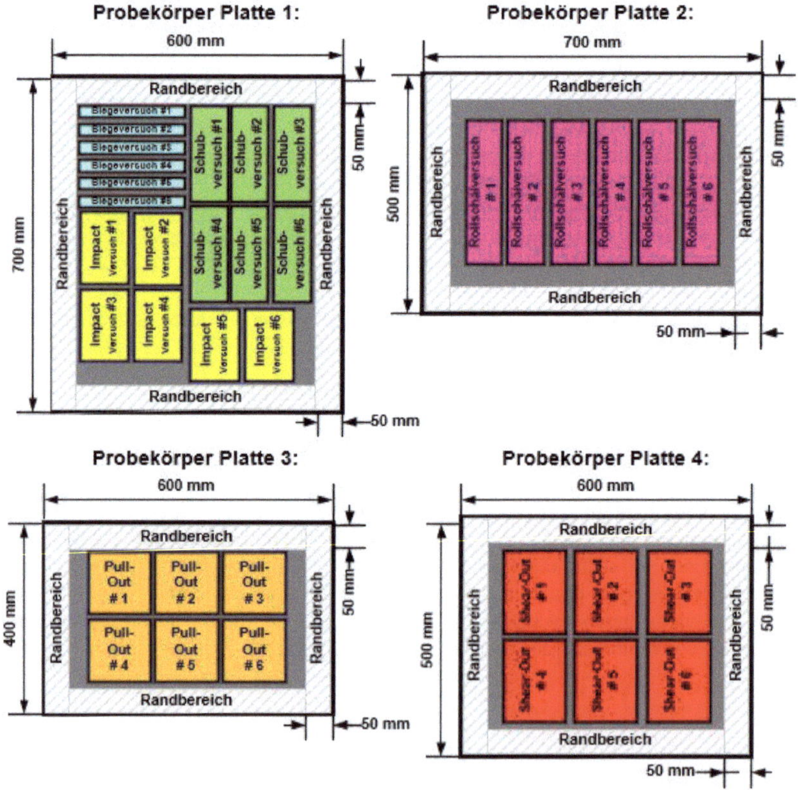

Abbildung 11: Größe der Probekörper Platten

Als Technologiedemonstrator wurde eine Türstruktur in Sandwichbauweise, mit Funktionselementen wie Scharnier, Haken, Riegel und Schloss und einer Topologie optimierten Struktur ausgewählt. In Abbildung 12 sind die Definitionen von Lasteinleitungspunkten und Fügeelementen für die Demonstratorstruktur dargestellt. Im Austausch mit dem PbA wurde zudem die Verkleidung der Seitenflächen des Demonstrators mit Decklagenmaterial ins Lastenheft mit aufgenommen. Um höhere Dicken (≥ 20 mm) für den Demonstrator erzielen zu können, wurden zwei bzw. drei Schaumkerne übereinandergeschichtet und anschließend mit Matrix durchtränkt.

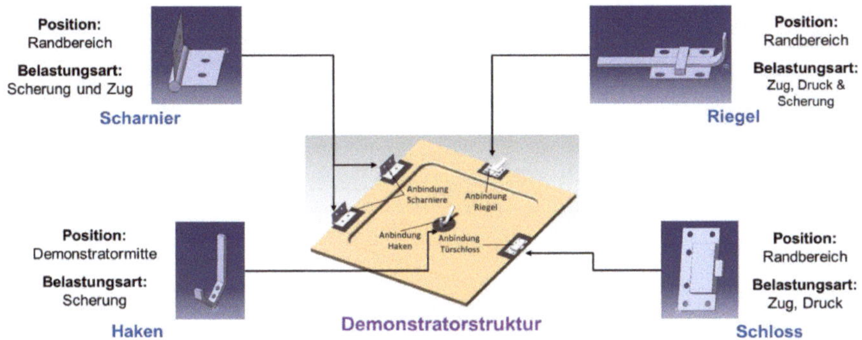

Abbildung 12: Definition von Lasteinleitungspunkten und Fügeelementen für die Demonstratorstruktur

3.1.2 Ableitung von generischen Lastfällen

Bei Inserts als typisches Lasteinleitungselement in Sandwichbauteilen können generell fünf verschiedene Grundlastfälle auftreten: Zug, Druck, Schub, Biegung und Torsion. Wobei es sich in der späteren Anwendung primär um Zug- und Schublastfällen handelt. Klassische kurzzeitdynamische Lastfälle für Sandwichstrukturen sind Stoßbelastungen. In Anlehnung an eine Türkonstruktion als Technologiedemonstrator wurden typische Lasteinleitungspunkte und Fügeelemente dem PbA präsentiert, diskutiert und ausgewählt. In Zusammenarbeit mit dem PbA wurden die in Abbildung 13 dargestellten Elemente ausgewählt.

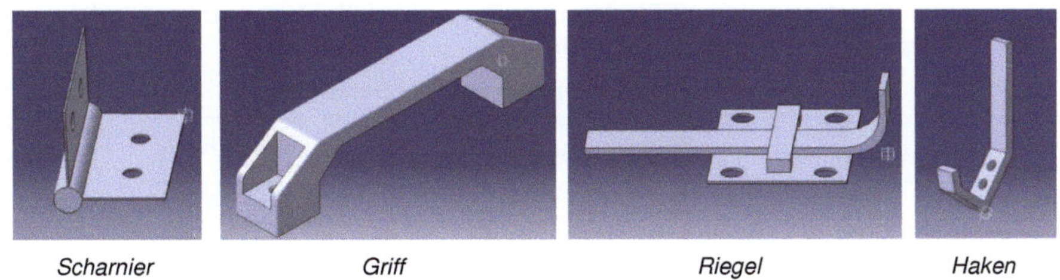

Abbildung 13: Anbauelemente für die Demonstrator-Sandwichplatte

Die Anbauelemente Scharnier, Griff und Riegel sollen am Rand der Struktur durch textile Lasteinleitungselemente integriert werden. Das Element Haken soll im Zentrum der

Demonstratorstruktur eingefügt werden. In Abbildung 14 sind die drei Möglichkeiten von Fügeelementen dargestellt, die im Laufe des Projekts betrachtet werden. Die Fügung mittels aufgeklebtem oder vernähtem Big Head des Unternehmens Bossard Holding AG (Zug, Schweiz) dient dabei als Referenz.

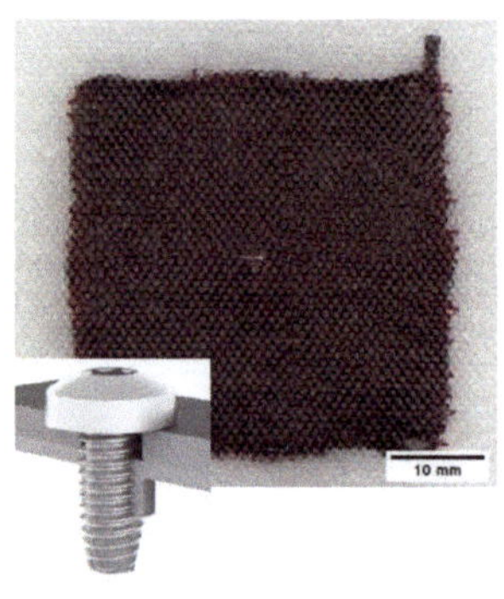
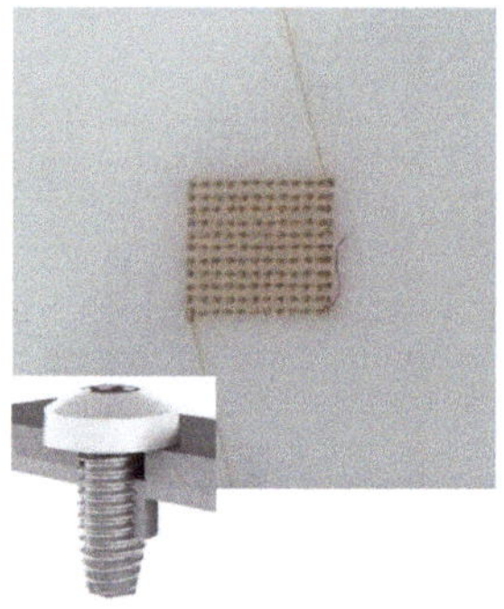
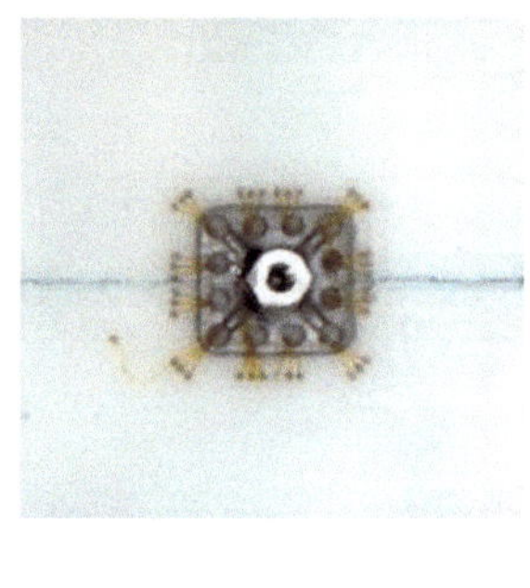

TFP-Patch mit gewindefurchender Schraube   *Flächiges Vernähen mit gewindefurchender Schraube*   *Aufgeklebter oder vernähter Big Head (Referenz)*

Abbildung 14: Definition von Fügeelementen für Türkonstruktionen

3.1.3 Materialauswahl

In AP 1.3 erfolgte eine Vorauswahl von Materialen. Bei der Auswahl der Materialien wurde die entsprechenden Fertigungsmöglichkeiten berücksichtigt. Die entsprechenden Randbedingungen wurden bei der Auswahl der Materialien für den Schaumkern, die textilen Decklagen, den Nähfaden sowie das verwendete Harzsystem berücksichtigt. Als Verstärkungsfasern für die Lasteinleitungsbereiche wurden, aufgrund ihrer mechanischen Eigenschaften, Kohlenstofffasern bevorzugt verwendet.

Aus wirtschaftlichen Gründen wurde auf die Verwendung von Decklagen aus Kohlenstofffasern verzichtet und auf Decklagen aus Glasfasern zurückgegriffen. Die ausgewählten Glasfasergelege der Decklagen sind in Tabelle 2 aufgelistet.

Tabelle 2: Materialauswahl der Decklagen

Hersteller	Produkt-kennung	Bezeichnung	Faser-ausrichtung	Nähfaden	Flächengewicht [g/m^2]
HP-Textiles	HP-B621E	Bidirektional –Glasfasergelege	0° / 90°	PES (18 g/m^2)	621
HP-Textiles	HP-P110	Leinwandbindung-Glasfasergelege	0° / 90°	xxx	105

In der Vorauswahl der Schaumkerne wurden Typen mit Werkstoffen aus Polyethylenterephthalat (PET), Polyurethan (PU), Polyamid (PA 6), Polyvinylidenfluorid (PVDF) und Polymethacrylimid (PMI) ausgewählt. In Tabelle 3 sind die ausgewählten Schaumkerne sowie ihre mechanischen Kennwerte aufgelistet. Falls verfügbar wurden Polymer Schäume mit unterschiedlichen Dichten z.B. 51 kg/m^3 und 31 kg/m^3 für PMI-Schäume in die Vorauswahl mit aufgenommen.

Tabelle 3: Materialauswahl des Schaumkerns

#	Hersteller	Bezeichnung	Werk-stoff	Dichte [kg/m^3]	Druck-festigkeit [MPa]	Schub-festigkeit [MPa]	Zug-festigkeit [MPa]
1	Armacell GmbH	ArmaForm® Core GR 70	PET	70	0,75	0,50	1,80
2	Armacell GmbH	ArmaPET® Eco 50	PET	48	0,20	0,35	0,90
3	3A Composites GmbH	AIREX® T92.60	PET	64	0,85	0,55	1,50
4	3A Composites GmbH	AIREX® T10.100	PET	100	1,20	1,10	2,00
5	3A Composites GmbH	AIREX® C51.60	PU	60	0,45	0,45	0,55
6	ZOTEFOAMS plc	ZOTEK® F74 HT WHITE	PVDF	74	0,22	0,64	0,78
7	ZOTEFOAMS plc	ZOTEK® F30 WHITE	PVDF	30	0,05	0,34	0,38
8	ZOTEFOAMS plc	ZOTEK® NB50 BLACK	PA 6	50	0,02	1,01	1,30
9	ZOTEFOAMS plc	ZOTEK® NB70 BLACK	PA 6	70	0,45	1,34	1,80
10	Evonik AG	ROHACELL® IG-F 31	PMI	31	0,40	0,40	1,00
11	Evonik AG	ROHACELL® HF 31	PMI	31	0,40	0,40	1,00
12	Evonik AG	ROHACELL® IG-F 51	PMI	51	0,90	0,80	1,90
13	Evonik AG	ROHACELL® HERO 51	PMI	51	0,60	0,70	2,60

Zum Ablegen des Rovings auf die Decklage bzw. den Schaumkern sowie zum Vernähen der Decklagen mit dem Schaumkern werden unterschiedliche PES-Fäden von Amann & Söhne GmbH & Co. Kg. (Bönningheim, Deutschland) verwendet. In Tabelle 4 ist die Materialauswahl des Nähfadens aufgelistet.

Tabelle 4: Materialauswahl des Nähfadens

Hersteller	Produktlinie	Produktkennung	Material	Feinheit [tex]	Max. Festigkeit [cN/tex]
AMANN Group	Serafil	200/2	PES	15,08	44,90
AMANN Group	Serafil	60 COMPHIL KF	PES	53,80	56,51
AMANN Group	Serafil	COMPHIL 300 Tex 10	PES	15,34	43,46

Aufgrund interner Vorversuche, Literaturangaben (Roth 2006) und den Erfahrungen des PbA wird von der Verwendung eines Nähfadens aus PA6, Aramid, PEEK oder Kohlenstofffasern abgesehen.

Als Matrixsystem wird das in Tabelle 5 beschriebene Harz-Härter-System von Hexion Inc. (Columbus, USA) bestehend aus dem Infusionsharz HEXION EPIKOTE MGS RIMR 135 und dem Härter HEXION EPIKURE MGS RIMH 137 im Mischungsverhältnis nach Gewichtsanteilen von 100 zu 30 ± 2 verwendet. Für dieses Matrixsystem liegen gute Erfahrungswerte am Institut für die Durchführung von Vakuuminfusionen bei Sandwichstrukturen vor.

Tabelle 5: Materialauswahl des Harz-Härter-Systems

Typ	Hersteller	Bezeichnung	Dichte [g/cm³]	Mischungs-verhältnis [Gew.-Anteil]	Aushärtung bei RT [Std.]	Zug-Festig-keit [MPa]	Biege-Festig-keit [MPa]
Harz	HEXION	EPIKOTE™ Resin MGS™ RIMR135	1,11- 1,15	100	24	70	90- 110
Härter	HEXION	EPIKURE™ Curing Agent MGS™ RIMH137	0,92- 0,95	30 ± 2			

Als Kohlenstofffaser Roving wurde eine Roving von Teijin Limited (Tokyo, Japan) mit einer Filamentanzahl von 6 k und einer Feinheit von 400 tex ausgewählt. Weitere Angaben zum Roving sind Tabelle 6 zu entnehmen.

Tabelle 6: Auswahl des Kohlenstofffaser Rovings

Hersteller	Handelsname	Fasertyp	Schlichte	Filament-anzahl	Feinheit
TEIJIN LIMITED	Tenax E	HTA40	E13	6 k	400 tex

3.2 Auslegung der Lastpfade und Z-Verstärkung (HAP 2)

In HAP 2 erfolgte die Auslegung der Stickgeometrien für die textilen Preformingschritte. Zur Fixierung der textilen Komponenten auf dem Schaumkern und die Vermeidung von Delaminationen war eine erhöhte Stichdichte vorteilhaft. Des Weiteren hatte eine hohe Anzahl von Stichkanälen und ein großer Durchmesser positive Auswirkungen auf das Infusionsverhalten. Gleichzeitig wurden durch die Nadeleinstiche Ondulationen in den Decklagen erzeugt und die Struktur des Schaumkerns lokal geschädigt. Zudem wurden die Stichkanäle im nachfolgenden Infusionsprozess mit Matrixmaterial gefüllt, wodurch das Gewicht der Struktur erhöht wurde. Genannte Punkte werden in nachfolgenden Unterkapiteln ausführlicher erläutert.

3.2.1 Entwicklung von Stickgeometrien: Faserverlauf, Stichpositionierung

In AP 2.1 erfolgte die Entwicklung von Stickgeometrien für die lokale Lasteinleitung. Es werden die in HAP 1 definierten Lastfälle (Pull-Out und Shear-Out) für die Verbindungselemente mittels FEM numerisch betrachtet und anhand der ermittelten Verläufe der Hauptspannungen die Geometrien für die TFP-Verstärkung abgeleitet.

Für die numerische Analyse zur Auslegung der Faserverläufe der Lasteinleitungselemente wurde in die FEM-Software Ansys, Version: 2021 R2 (Ansys Inc., Canonsburg, USA) genutzt. Als Dimensionierung des zugrundeliegenden Schalenmodells wurden die Prüfkörpergeometrie des Pull-Out-Versuchs von 130 mm auf 130mm gewählt. Zur Lasteinleitung wurde eine Bohrung mit einem Durchmesser von 6 mm, orientiert am Durchmesser der später genutzten Schrauben, mittig auf dem quadratischen Modell eingefügt. Für die Vernetzung wurden mehrere Hilfslinien eingezeichnet und unterteilt (siehe Abbildung 15 links), sodass ein adaptives, zum Ort der Lasteinleitung hin feiner werdendes Mesh erstellt werden konnte (siehe Abbildung 15 rechts). Das Mesh wurde mit einer Flächenvernetzung über Trapezoide erzeugt. Das vernetzte Modell wies insgesamt 9.600 Elemente der Typen SHELL181 (9.472) und SURF156 (128) auf. Für die isotropen Materialeigenschaften wurde ein E-Modul von $E = 200.000$ MPa und eine Poissonzahl von $v = 0.3$ festgelegt. Als Randbedingungen für die statisch-mechanische Rechnung wurde eine fixierte Lagerung der Kanten des Bauteils festgelegt, sodass eine vollständige Darstellung der Normalspannungsverläufe über das gesamte Bauteil ermöglicht wird.

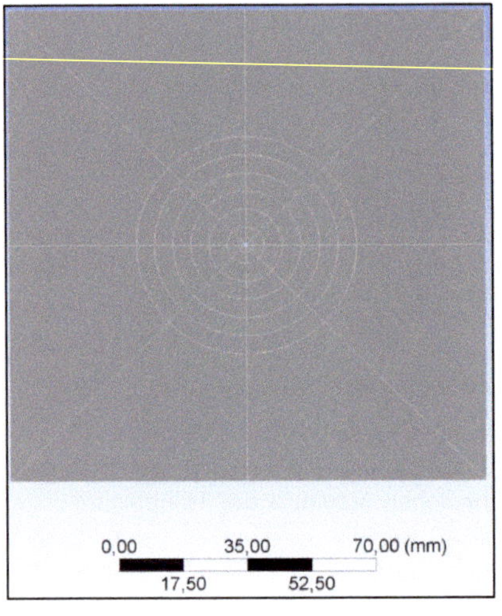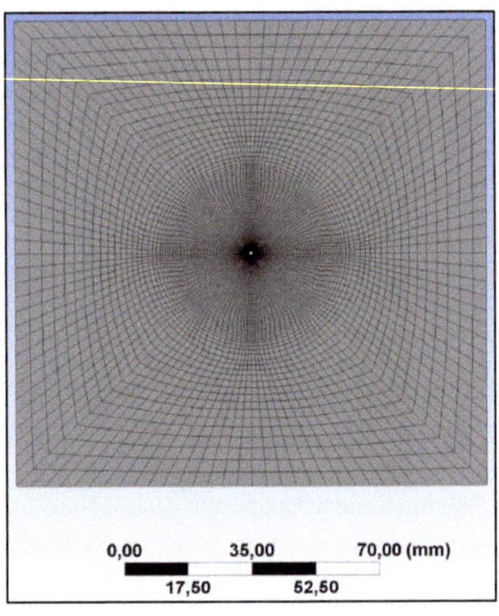

Abbildung 15: Geometrie und Vernetzung des FEM-Modells

Die Krafteinleitung wurde an der Bohrung in der Mitte des Bauteils angesetzt. Es wurde eine Kraft von 100 N festgelegt (die Höhe des Betrags ist für die spätere Auslegung nach dem Hauptspannungskriterium unrelevant). Abbildung 16 und Abbildung 17 zeigen die berechneten Hauptnormalspannungen Principal Stress 1 und 2 für die untersuchten Lastfälle Pull-Out und Shear-Out. Beim Lastfall Pull-Out verläuft die Kraftrichtung parallel zur Y-Achse des eingezeichneten Koordinatensystems. Beim Lastfall Shear-Out verläuft die Kraftrichtung parallel zur X-Achse.

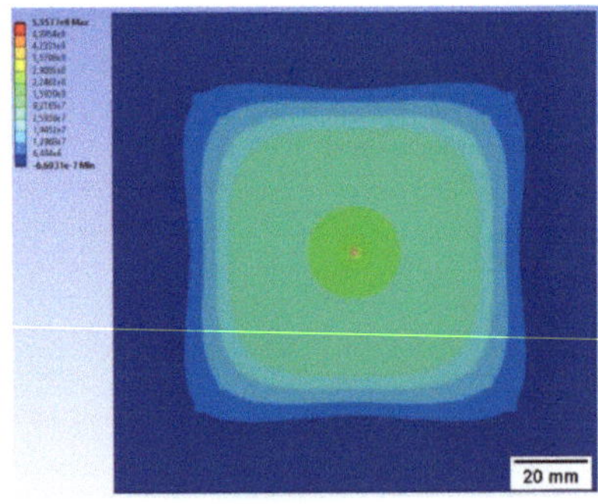

Principal stress 1

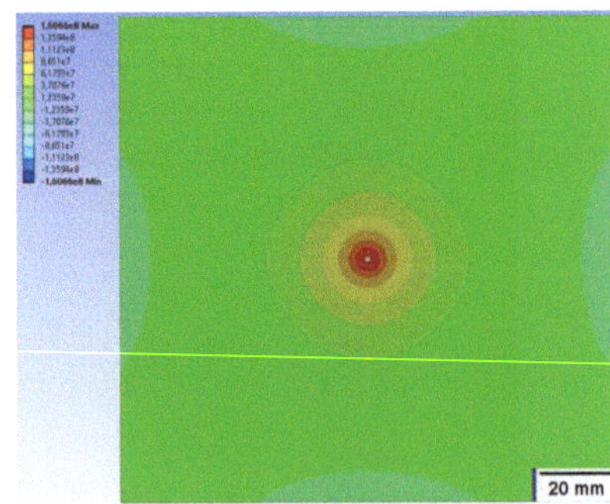

Principal stress 2

Abbildung 16: FEM-Analyse zur Bestimmung der Hauptspannungen im Lastfall Pull-Out an isotropen Material

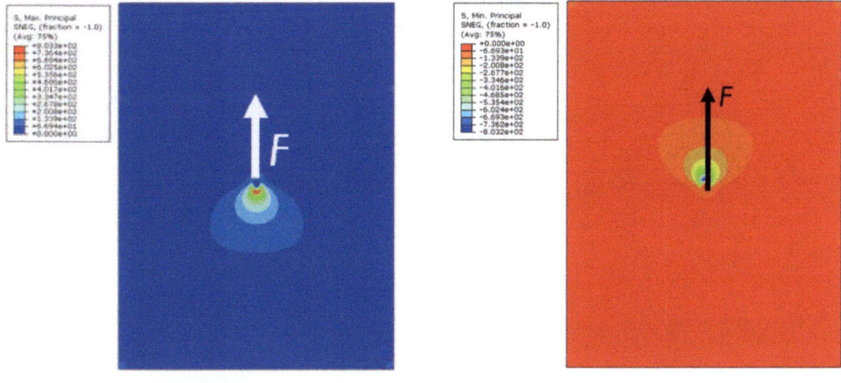

Principal stress 1   Principal stress 2

Abbildung 17: FEM-Analyse zur Bestimmung der Hauptspannungen im Lastfall Shear-Out für isotropes Material

Die Ergebnis-Datei der abgeschlossenen FEM-Rechnung wurde im nächsten Schritt in die Software EDOstructure (Version 1.0.2193, Complex Fiber Structures GmbH, Dresden, DE) importiert. Anhand der maximalen (Zugbeanspruchung) und minimalen (Druckbeanspruchung) Hauptnormalspannungskomponenten, die immer orthogonal zueinander ausgerichtet sind, wurde je ein Layer mit einem für die jeweilige Lastaufnahme optimierten Faserverlauf generiert, sodass zwei individuelle Geometrien je Lastfall resultieren. Abbildung 18 und Abbildung 19 zeigen die mittels EDOstructure optimierten Faserverläufe.

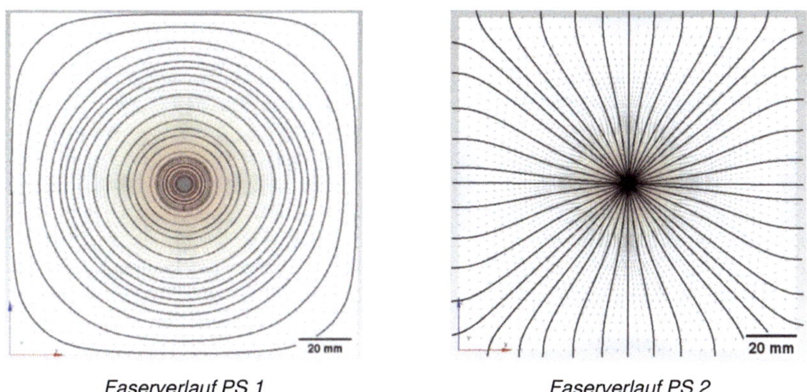

Faserverlauf PS 1   Faserverlauf PS 2

Abbildung 18: Mittels Edostrucutre optimierte Faserverläufe für den Lastfall Pull-Out

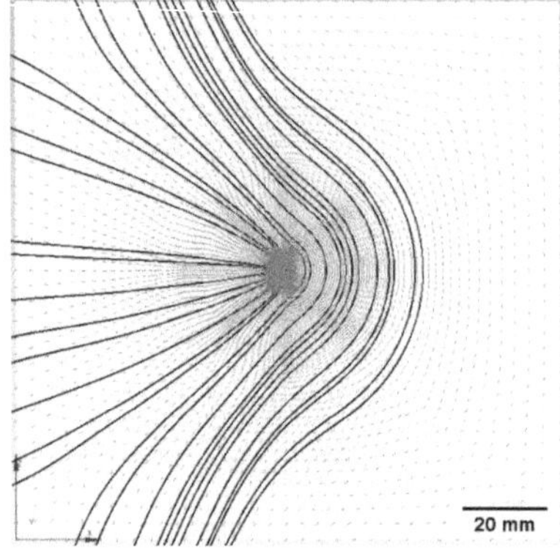
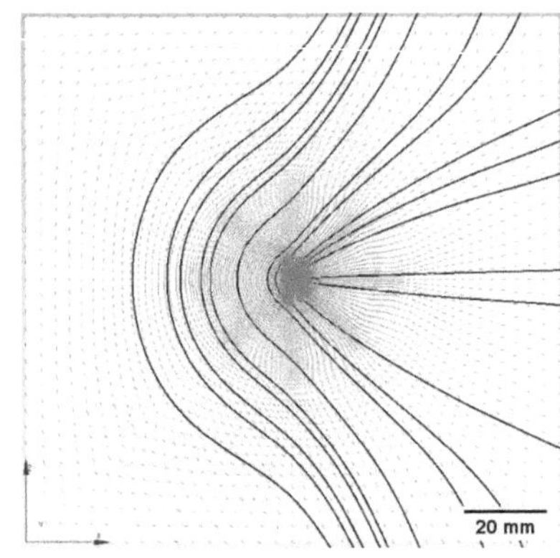

Faserverlauf PS 1   *Faserverlauf PS 2*

Abbildung 19: Mittels Edostrucutre optimierte Faserverläufe für den Lastfall Shear-Out

Für die Umsetzung in eine im TFP-Verfahren fertigbare Preformgeometrie waren verfahrensbedingt Anpassungsschritte der Faserverläufe notwendig. Es wurde beispielsweise anstelle einer kreisförmigen Ablage des Rovings eine spiralförmige Ablage gewählt. Dadurch konnte vermieden werden, dass die zugeführten Endlosfasern nach jeder abgeschlossenen Kreisbahn kontinuierlich durchtrennt und neu angesetzt werden müssen. Dies hatte in einem stetigen Eingriff in den Prozess resultiert und diesen stark verlangsamt, sodass eine Anpassung der berechneten Faserverläufe an den Prozess unumgänglich war. Zur Umsetzung der variabel axialen Linienverläufe in Stickdateien für die Preform-Herstellung im TFP-Verfahren wurde die Punchsoftware EpcWin (Version 6.00, ZSK Stickmaschinen GmbH, Krefeld, DE) genutzt.

Die textilen Preforms für den Lastfall Pull-Out sind in Abbildung 20 dargestellt. Die anhand der maximalen Hauptnormalspannungen optimierte Faserverläufe wurden über eine spiralförmige Rovingablage realisiert. Die radial orientierten Faserverläufe, welche anhand der minimalen Hauptnormalspannungen festgelegt wurden, werden über eine schlaufenartige Rovingablage umgesetzt. Dabei kreuzen die geraden Verläufe im Lasteinleitungspunkt in der Mitte, sodass hier eine lokal erhöhte Dicke der Preform vorliegt. Im späteren Verlauf wird hier die Schraube eingebracht, sodass die Dickenänderung toleriert werden konnte, da sie im späteren Verlauf durchbohrt wird. Für die textilen Preforms zur Verstärkung von Lasteinleitungsbereichen mit Pull-Out Belastung wurden Lagen mit diesen zwei verschiedenen Faserverläufen in unterschiedlichen Konfigurationen miteinander kombiniert. Der Herstellungsprozess der TFP-Preforms wird in HAP 3 detailliert erläutert.

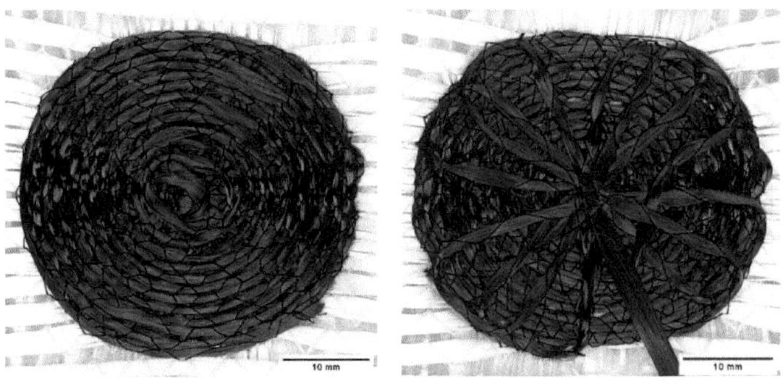

<table>
<tr><td>Abgelegter Preform PS1</td><td>Abgelegter Preform PS2</td></tr>
</table>

Abbildung 20: Abgelegte Preforms für PS1 und PS2 im Lastfall Pull-Out

Aus den mittels EDOstructure ausgelegten Faserverläufen für den Lastfall Shear-Out wurden drei verschiedene Preform Varianten abgeleitet. Die in Abbildung 21 gezeigten Varianten entsprechen dabei den nach den Hauptspannungen 1 und 2 ausgelegten Faserverläufen. Die „vereinfachte" Variante rechts besteht ausschließlich aus Lagen mit spiralförmigen Faserverläufen. In dieser Variante wurden nur die Hauptspannungsverläufe direkt an der Lasteinleitungsstelle berücksichtigt und kombiniert.

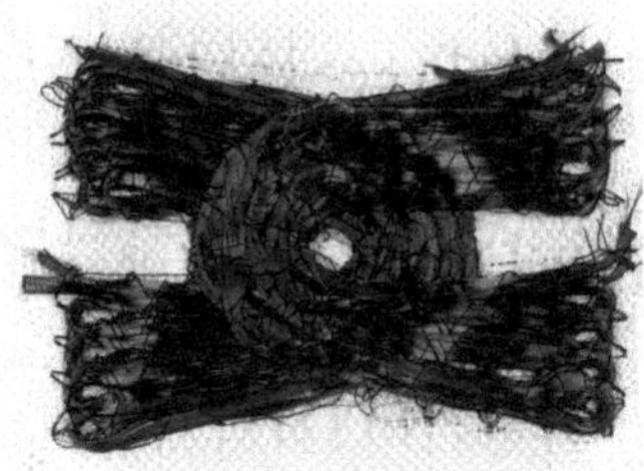
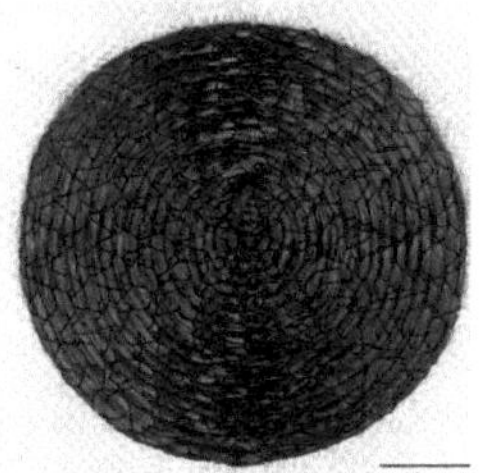

<table>
<tr><td>Preform PS1
„Einfache Schlaufe"</td><td>Preform PS1 & PS2
„Doppelte Schlaufe"</td><td>Preform PS1 & PS2
(vereinfacht) „Kreis"</td></tr>
</table>

Abbildung 21: Abgelegte Preforms für PS1 und PS2 im Lastfall Shear-Out

3.2.2 Auslegung der flächigen Vernähung

In AP 2.2 erfolgt die Vernähung der Decklagen mit dem Schaumkern. Im Rahmen der Auslegung soll der ideale Stichabstand für die flächige Vernähung numerisch ermittelt werden.

Nach Stanley et al. können die mechanischen Eigenschaften von vernähten Sandwichstrukturen über die Wahl der Stichweite bzw. Anpassung der Armierungsdichte beeinflusst werden (Stanley 2001). Die Armierungsdichte definiert die Anzahl der in Z-Richtung eingebrachten Nähfäden pro Flächeneinheit (Fäden/cm^2). Eine weitere Möglichkeit, die mechanischen Eigenschaften bei konstantem Stichabstand zu erhöhen, besteht darin, bereits vernähte Stellen erneut zu vernähen, sodass im Durchgangsloch des Kernmaterials die Anzahl der Nähfäden pro Flächeneinheit, die sogenannte Armierungsdichte, und somit auch der Volumengehalt des Fadens pro Einstichloch mit zunehmender Häufigkeit der Vernähung gesteigert werden kann. Anlagenbedingt wurden vier Stichabstände von 5 bis 25 mm gewählt. Aus Abbildung 22 lassen sich die Armierungsdichten der vier ausgewählten Stichabstände entnehmen.

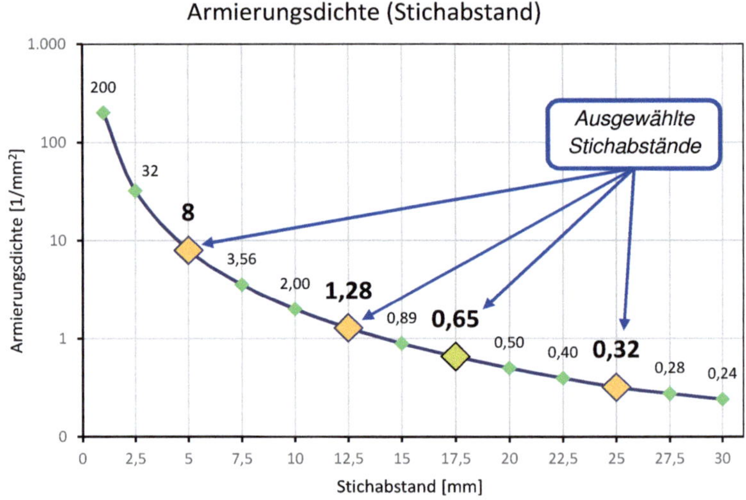

Abbildung 22: Armierungsdichte in Abhängigkeit des Stichabstandes

In Tabelle 7 sind die Ergebnisse zum flächigen Vernähen an Armacell ArmaPET ECO 50 Impactprobekörpern aufgelistet.

Tabelle 7: Flächiges Vernähen an Armacell ArmaPET ECO 50 (Schaumdicke: 8 mm)

Stichabstand	Unvernäht	12,5 mm	12,5 mm	17,5 mm
Art der Vernähung		Einfach	Doppelt	Einfach
Abbildung	Ohne Vernähung, 100 mm, 150 mm	d= 12,5 mm	d= 12,5 mm	d= 17,5mm
Gewicht	47,70 g	55,74 g	62,60 g	58,51 g
Prozentuale Gewichtszunahme durch Vernähung		17 %	31 %	23 %
Stichanzahl pro Prüfkörper		96	192	102

Durch das einfache Vernähen mit 12,5 mm Stichabstand erhöht sich das Gewicht um 17 % im Vergleich zu unvernähten Probekörpern. Bei doppelter Vernähung steigt das Gewicht um 31 %

im Vergleich zur unvernähten Variante. In Tabelle 8 sind die Ergebnisse zum flächigen Vernähen an EVONIK ROHACELL IG-F 31 Impactprobekörpern aufgelistet.

Tabelle 8: Flächiges Vernähen an EVONIK ROHACELL IG-F 31 (Schaumdicke: 8 mm)

Stichabstand	Unvernäht	25 mm	12,5 mm	5 mm
Art der Vernähung		Einfach	Einfach	Einfach
Abbildung				
Gewicht	37,82 g	46,54 g	49,01 g	60,50 g
Prozentuale Gewichtszunahme		23 %	30 %	60 %
Stichanzahl pro Prüfkörper		24	96	600

Hierbei zeigt sich, dass das Vernähen mit einem Stichabstand von 5 mm zu einer erheblichen Gewichtszunahme im Vergleich zum unvernähten Sandwich (60 %) führt. Eine Vernähung mit 5 mm Stichabstand ist nur partiell in Bereichen der Krafteinleitung sinnvoll. Für das großflächige Vernähen sind Stichabstände ab 12,5 mm zu verwenden.

3.3 Textiler Prozess: Prozessauslegung und Halbzeugherstellung (HAP 3)

Im Rahmen des HAP 3 erfolgte die Prozessauslegung für den textilen Prozess sowie die Herstellung der Halbzeuge für die weitere Verarbeitung zu Prüfkörperplatten. Die durchgeführten Arbeiten werden nachfolgend beschrieben und die erzielten Ergebnisse vorgestellt.

3.3.1 Ausgleich des Höhenprofils

Eine definierte Anforderung war die Erzeugung einer ebenen Oberfläche der Sandwichstruktur im Bereich des Lasteinleitungselements. Dazu wurde eine lokale Schäftung des Schaumkerns vorgenommen, sodass die CF-Preform in diese Schäftung eingelegt werden kann. Zur Ermittlung der beim Schäften benötigten Tiefe, war die genaue Erfassung des Höhenprofils der Preform notwendig. Dies wurde durch die Vermessung von Lasteinleitungselementen nach der Harzinfiltration mittels Lasertriangulation realisiert. Laserbasierte Verfahren bieten einige Vorteile gegenüber vergleichbaren Verfahren zur Abstandsmessung, wie eine hohe Auflösung, eine kurze Messdauer und die Möglichkeit der berührungslosen Messung (Kienle 2022)

Im Forschungsprojekt wurde zur Vermessung des Höhenprofils ein Sensorkopf des Typs LJX8200 der Keyence Corporation (Osaka, Japan) genutzt. Vermessen wurden die infusionierten Lasteinleitungselemente. Dabei sollte vor allem untersucht werden, ob die flächige Vernähung der CF-Preforms mit den Decklagen-Textilien und dem Sandwichkern durch die zusätzliche Kompaktierung einen Einfluss auf die finale Bauteildicke im Bereich der Lasteinleitung aufweist. Wie bereits erläutert, wird im TFP-Verfahren durch den Nähfaden eine Welligkeit in die Rovingverläufe gebracht. Durch die flächige Vernähung mit einem zusätzlichen Garn könnte sich dieser Effekt nochmals verstärken, weshalb die Höhenprofile einer vernähten und einer unvernähten Variante untersucht wurden. Von jeder Variante wurden drei Probekörper vermessen, wie in Abbildung 23 rechts dargestellt, vermessen.

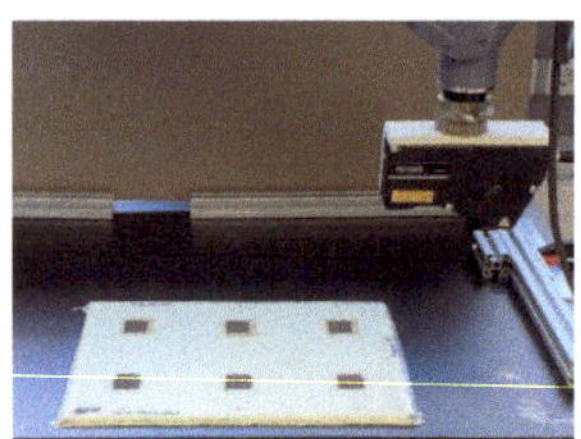

Versuchsaufbau

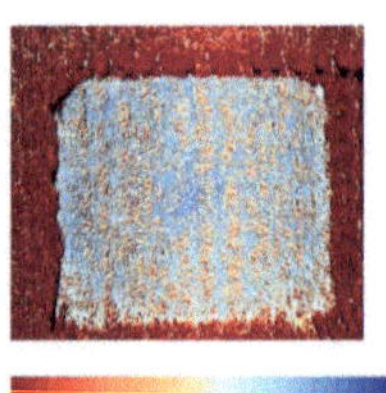

Höhenprofil des 4-lagigem Patches

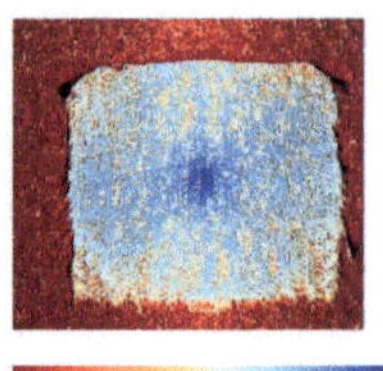

Höhenprofil des 6-lagigem Patches

Abbildung 23: Höhenvermessung mittels Lasertriangulation von rechteckigen TFP-Patchstrukturen

Der Mittelwert inklusive der jeweiligen Standardabweichung der Gesamtdicke sowie die Dicke einer einzelnen Lage sind in Tabelle 9 dargestellt.

Tabelle 9: Ergebnis der mit Lasertriangulation vermessenen Probevarianten (n= 6)

Bezeichnung	Anzahle der Lagen	Größe in mm	Vernähung	Gesamtdicke in mm	Dicke je Lage in mm
CF-G40-D4-v	4	40	Ja	2,39 ± 0,17	0,60 ± 0,04
CF-G40-D6-uv	6	40	Nein	3,51 ± 0,39	0,59 ± 0,07

Beim Vergleich der mittleren Lagendicke, kann festgestellt werden, dass die Vernähung keinen Einfluss auf die Lagendicke hat. Dies lässt sich auch statistisch nachweisen. Ein t-Test für unabhängige Stichproben (beide Stichproben sind normalverteilt, Shapiro-Wilk-Test: p = 0,1015 und 0,2648) liefert einen p-Wert von 0,5751, sodass die Nullhypothese von gleichen Mittelwerten der Stichproben bei einem Signifikanzniveau von 0,05 nicht verworfen werden kann. Die unvernähte Probe weist allerdings eine größere Standardabweichung auf, was auf eine ungleichmäßigere Dickenverteilung schließen lässt. Dies lässt sich auch in den Darstellungen des Höhenprofils als Heatmap (Abbildung 23, rechte Seite) erkennen. So ist beim sechs Lagen starken Lasteinleitungselement die Erhöhung in der Mitte des Elements deutlicher zu sehen.

Zum Schäften der Schaumkerne wurde die im Projekt beschaffte CNC-Fräse vom Hersteller Mutronic Präzisionsgerätebau GmbH & Co. KG (Rieden, DE) verwendet. Durch die Verwendung von Fräswerkzeugen mit einem Durchmesser von 3 mm konnten kleine Radien (bis 1,5 mm) mittels Mutronic Diadrive 2000 realisiert werden. In Abbildung 24 ist die CNC-Fräse abgebildet.

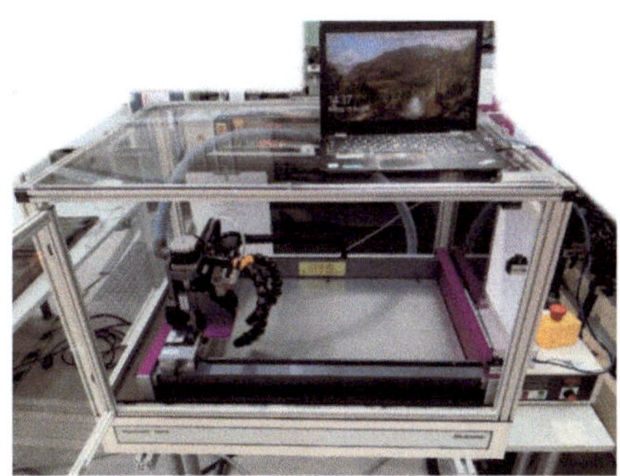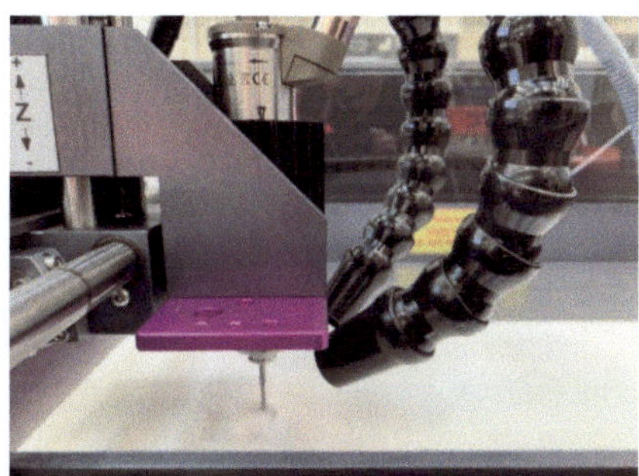

Abbildung 24: MUTRONIC DIADRIVE 2000 (CNC-Fräse)

In der praktischen Umsetzung wurde festgestellt, dass die mittlere Tiefe der Schäftung pro CF-Lage auf 0,4 mm verringert werden muss. Dies könnte darin begründet sein, dass das verwendete Schaummaterial nach dem Fräsen ein anderes Kompaktierungsverhalten aufweist. So ist davon auszugehen, dass etwa zerstörte bzw. abgefräste Zellen leichter kollabieren, als geschlossene Zellen. In Abbildung 25 ist links ein geschäfteter Kern und auf der rechten Seite der gleiche Schaumkern mit eingelegtem Preform nach der Infusion dargestellt.

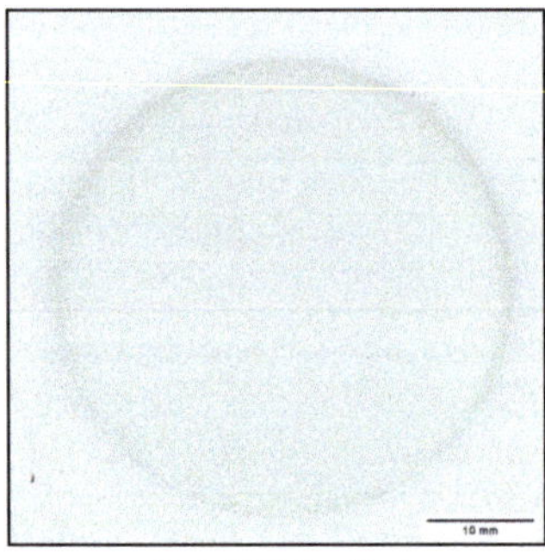

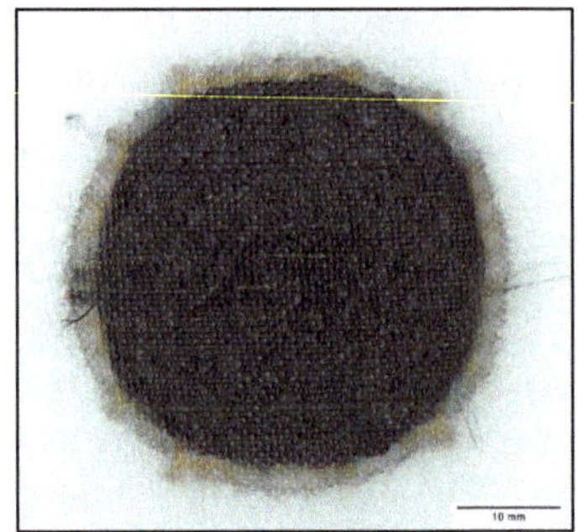

Geschäfteter Kern   *Geschäfteter Kern mit eingelegter Preform nach Infusion*

Abbildung 25: Ausgleich des Höhenprofils

Da die CF-Preforms händisch in die Schäftungen platziert werden, mussten die Schäftungen im Durchmesser mit einer Toleranz von 2 mm gefräst werden. Wie in Abbildung 25 zu sehen ist, entsteht dadurch umlaufend am Übergang von Preform zum Schaum eine Harztasche.

3.3.2 TFP- und Näh-Prozessparameter

Ziel des Arbeitspaketes war die Ermittlung optimaler Parameter zur idealen Durchführung der Prozessschritte.

In Versuchen wurden Prozessparameter wie Fadenspannung oder Stickgeschwindigkeit an der TFP-Anlage variiert, die Ergebnisse bewertet und optimale Parameter für die ideale Durchführung des Nährprozesses aufgestellt. Trotz der Ergebnisse aus der flächigen Vernähung, musste der Stichabstand für die TFP Preforms angepasst werden. Aufgrund der abzulegenden kleinen Radien des verwendeten CF 6K Rovings wurde der Stichabstand auf 3,5 mm angepasst. Die Ablage erfolgte in einer Kombination der lastpfadangepassten Verstärkungsstruktur mit abgelegten 0°/90° Lagen. Dabei wurde mit CF 6K Roving die in Tabelle 10 aufgelisteten Parameter verwendet.

Tabelle 10: Prozessparameter der TFP-Patches

Parameter	Wert
Rovingabstand 0°/90° Lagen	1,25 mm
Rovingabstand tangentiale Lagen	1,25 mm
Stichabstand	3,50 mm

Bei ersten Stichversuchen zeigte sich, dass der vorhandene Stoffdrückerfuß Zick/Zack (Produktnummer: Z-000-5451) von ZSK Stickmaschinen GmbH (Krefeld, DE) für das Besticken von Sandwichstrukturen ungeeignet war. Durch den standartmäßigen Stoffdrücker zeichneten sich Abdrücke (siehe Abbildung 26) auf der Schaumoberfläche ab, die sich im nachfolgenden Infusionsprozess mit Matrix füllen könnten und so zu einer Gewichtszunahme führen.

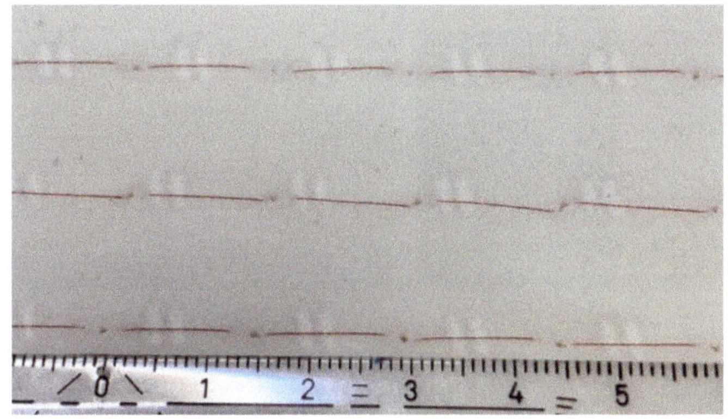

Abbildung 26: Stoffdrücker hinterlässt sichtbare Abdrücke auf Schaumoberfläche

Nach Rücksprache mit Mitgliedern des PbA wurde ein Stoffdrücker konstruiert, der über eine große ebene Fläche an der Unterseite verfügt. Durch diese Fläche (20 x 30 mm) lässt sich der Schaum schonend besticken. In Abbildung 27 ist links der standartmäßig verwendete Stoffdrücker sowie rechts der optimierte 3D-gedruckte Stoffdrücker dargestellt. Mit Hilfe dieses Stoffdrückers war es möglich Schäume mit einer Dicke von 8 mm ohne Beschädigung der Oberfläche zu besticken.

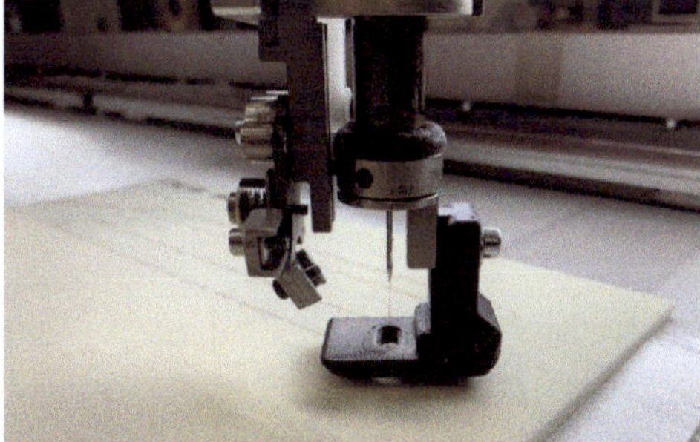

Abbildung 27: Links: Stoffdrückerfuß Zick/Zack von ZSK; rechts: 3D-gedruckter Stoffdrückerfuß

Um Verarbeitungsmöglichkeiten der unterschiedlichen Schaumkerne im Stickprozess mittels Doppelsteppstich zu überprüfen, wurde mittels EPCwin eine Stickdatei mit Stichabständen von 3 mm, 5 mm, 10 mm und 15 mm erstellt. In Abbildung 28 ist die erstellte Stickdatei sowie einer der bestickten Sandwichkerne exemplarisch dargestellt.

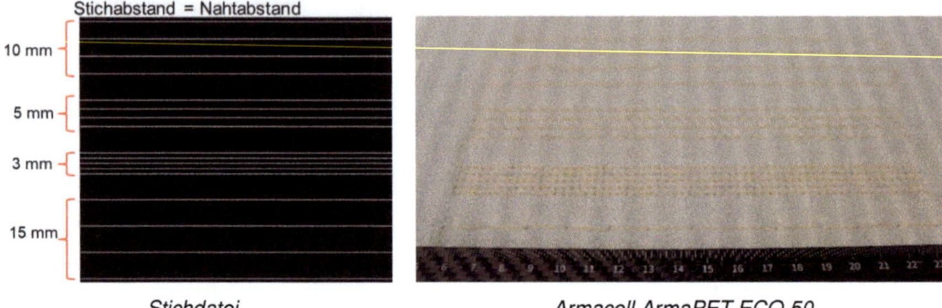

| *Stichdatei* | *Armacell ArmaPET ECO 50* |

Abbildung 28: Vorversuche zum Besticken der Sandwichkerne

Für die Stickversuche wurde das jeweilige Schaummuster auf beiden Seiten im Randbereich mit doppelseitigem Klebeband versehen und auf ein Glasfasergelege geklebt. Als Nähfaden wurde der in Tabelle 4 beschriebene hochfeste PES-Nähfaden Serafil 60 COMPHIL KL der AMANN Group und Nadeln vom Typ DB xk5 in Stärken von 80 bzw. 110 von GROZ-Beckert verwendet. In Abbildung 28 sind von vier beispielhaft ausgewählten Schäumen die durchgeführten Stickversuche dargestellt. Es zeigten sich große Unterschiede bei den Schäumen in den Punkten: Nahtbildung, Stichbild und Prozessstabilität. So führten Schäume mit geringer Dichte (< 40 g/cm^3) zu Schlaufenbildung und unvollständiger Naht aufgrund geringer Druckfestigkeit. Dichtere Schäume (> 70 g/cm^3) führten vermehrt zu Nadelbruch und Fadenabriss.

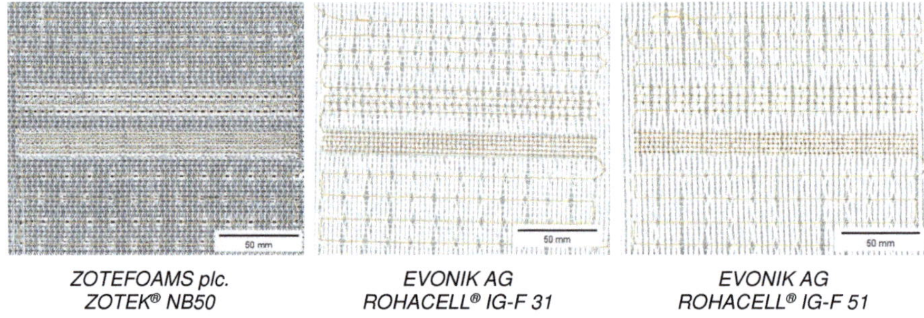

| *ZOTEFOAMS plc.* | *EVONIK AG* | *EVONIK AG* |
| *ZOTEK® NB50* | *ROHACELL® IG-F 31* | *ROHACELL® IG-F 51* |

Abbildung 29: Stickversuche mit unterschiedlichen Schäumen

Aufgrund der Vorversuche wurden im weiteren Verlauf des Projektes Schäume mit einer Dichte von etwa 50 g/cm^3 wie etwa der Schaum EVONIK ROHACELL IG-F 51 verwendet.

3.3.3 Herstellung Preforms: Ablegen der lastgerechten Faserstruktur

Für die Herstellung der Preforms im TFP-Verfahren wurden folgende Materialien verwendet:

- Carbonfaser-Roving: Toho Tenax-E HTA40 E13, 6 k, 400 tex (TEIJIN LIMITED, Tokyo, JPN)
- Stickgrund/Textil für Verstärkung der Sandwich-Decklagen: Bidirektional-Glasfaser-Gelege 0°/90°HP-B621E, 621 g/m^2, (HP-Textiles GmbH, Schapen, DE)

- Stickgrund: Glasfilamentgewebe HP-P110/120E, 105 g/m2, Leinwandbindung (HP-Textiles GmbH, Schapen, DE)

- Stickgarn: Serafil 200/2, R6861, 10 tex (Amann & Söhne GmbH & Co. KG, Bönnigheim, DE)

- Sticknadel: 1738A Nähmaschinen- Nadel 10Nm 120/19, 80/19 (Groz-Beckert KG, Albstadt, DE)

- Garn für Vernähung von Preform, Schaumkern und Decklage: Serafil 60 Comphil KF, 5TNDX, 10 tex (Amann & Söhne GmbH & Co. KG, Bönnigheim, DE)

Die Herstellung erfolgte mit der am FIBRE befindlichen TFP-Anlage des Typs JGW 0200-550 der ZSK Stickmaschinen GmbH (Krefeld, DE). Der CF-Roving wurde über eine Kopfspule zugeführt. In Abbildung 30 ist die Rovingablage im TFP-Verfahren dargestellt.

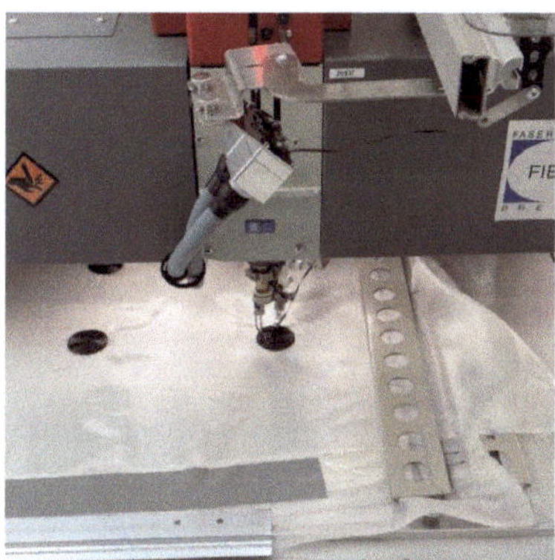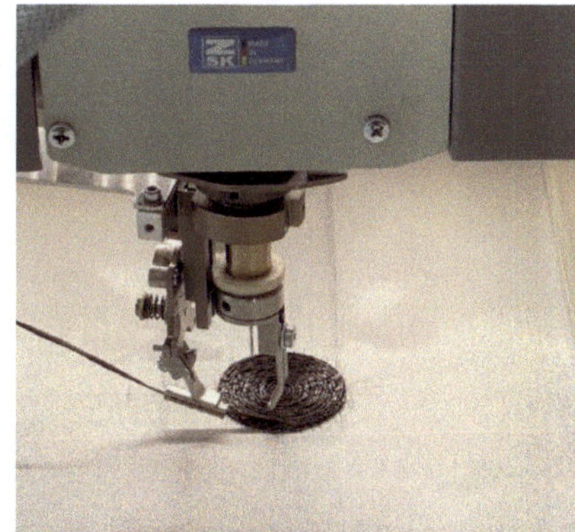

Abbildung 30: Rovingablage im TFP- Verfahren

Die verwendeten Parameter des TFP-Prozesses sind Tabelle 11 zu entnehmen. Die Preforms für die Pull-Out Belastung wurden direkt auf das textile Halbzeug der FVK-Decklagen gestickt, wie in Abbildung 31 dargestellt. Für die Lasteinleitungselemente der Shear-Out Belastung wurde ein GF-Gewebe mit geringem Flächengewicht (105 g/m²) als Stickgrund verwendet.

Tabelle 11: Parameter Rovingablage im TFP-Verfahren

Parameter	Wert
Stichabstand	2 bis 2,5 mm
Stichweite	3 bis 3,5 mm
Geschwindigkeit	300 bis 600 Stiche/min
Hub Zick-Zack	10 mm
Hub Pantograf	3 mm
Rovingabstand	1,25 mm

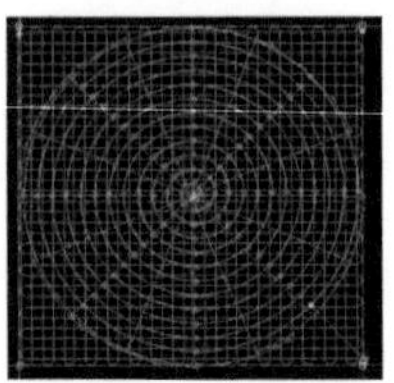
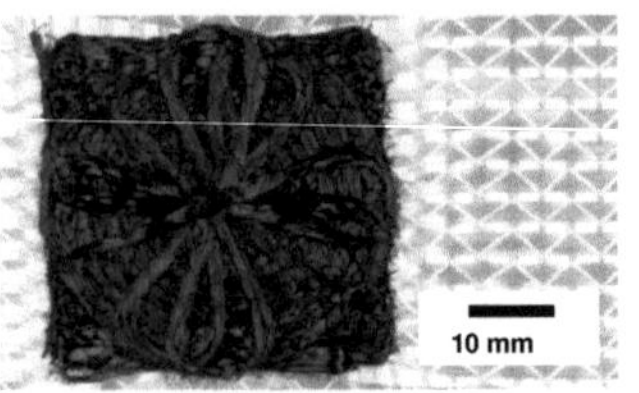

Abbildung 31: Stickdatei (links) und abgelegter TFP Preform (rechts) für die Verstärkung der Lasteinleitungszone

Nach der Ablage der TFP-Preforms wurden diese mittels Stanzform und Handhebelpresse ausgestanzt. In Abbildung 32 sind auf der linken Seite der abgelegte TFP-Preform auf dem GF-Gelege sowie auf der rechten Seite der ausgestanzte Preform zu sehen.

Abbildung 32: Ausstanzen des Preforms

Die ausgestanzten TFP-Preforms werden im nachfolgenden Schritt in die passgenau hergestellten Schäftungen im Schaum platziert und ggf. vernäht. Dieser Prozessschritt wird im nachfolgenden Unterkapitel erläutert.

3.3.4 Herstellung Preforms: Vernähen von Kern und Decklage

Ziel des Arbeitspaketes war die Vernähung von Kern und Decklagen mit der ermittelten Einstellung der Prozessparameter sowie der idealen Anzahl an Nahtpunkten. Die Vernähung der beiden Decklagenhalbzeuge und der textilen Preforms mit dem Sandwichkern erfolgte ebenfalls mithilfe der Stickanlage der ZSK Stickmaschinen GmbH. Wie in Abbildung 33 dargestellt, wurde das Halbzeug der FVK-Decklagen umgedreht, so dass die aufgestickte CF-Preform zum Schaumkern hin ausgerichtet ist.

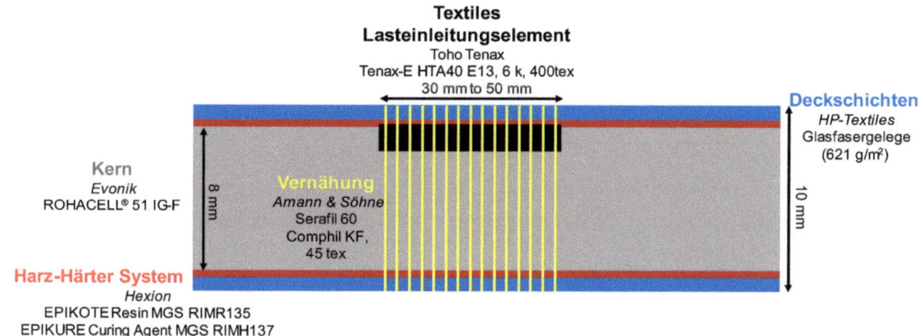

Abbildung 33: Vernähung des textilen Lasteinleitungselements (Seitenansicht)

Die Vernähung erfolgte im Doppelsteppstich mit einem Stichabstand von 3 mm. Als Garn wurde das Serafil 60 Comphil-Garn eingesetzt, welches eine spezielle Avivage ohne adhäsionshemmende Eigenschaften für die Verwendung in TFP-Preforms für FVK aufweist. Abbildung 34 zeigt die mit den Decklagentextilien und dem Sandwichkern vernähte TFP-Preform.

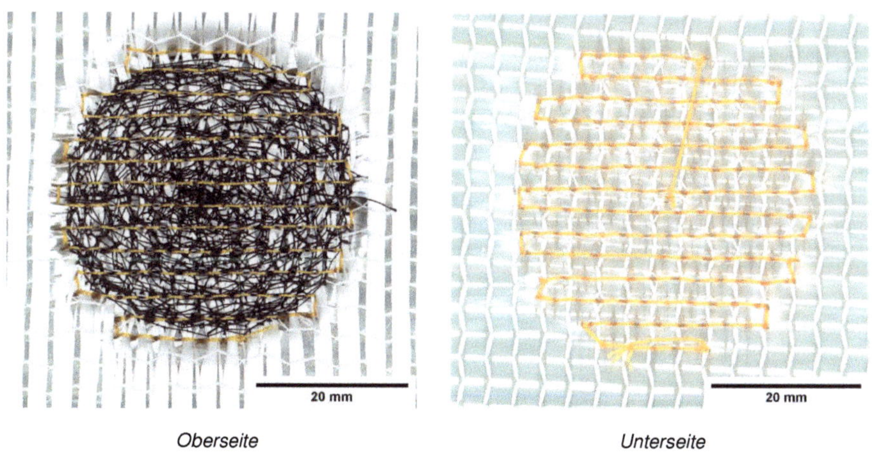

Abbildung 34: CF-Preform nach der Vernähung mit dem Schaumkern und den textilen Decklagen

3.4 Infusionsprozess (HAP 4)

In HAP 4 erfolgte die Auslegung und Untersuchung des Infusionsprozesses. Ziel war es, die textilen Anteile der hergestellten Sandwich-Halbzeuge mit der Matrix fehlerfrei zu durchtränken. Als Material für den Schaumkern wurden geschlossen porige Schäume verwendet, die kein Matrixmaterial aufnahmen und nicht durchtränkbar waren.

3.4.1 Prozessauslegung, Untersuchung des Infusionsverhaltens der Sandwichhalbzeuge

Ziel des Arbeitspaketes war die Bestimmung der Prozessparameter für den Infusionsprozess in Abhängigkeit der textilen Prozessparameter. Zur Herstellung der Sandwichstrukturen für die Probenkörper wurde ein für FVK-Sandwichplatten modifiziertes Harzinfusionsverfahren mit einem offenen Formwerkzeug gewählt. Dieser Ansatz ist insbesondere für die Imprägnierung von TFP-Preforms geeignet, da bei diesen im Gegensatz zu klassischen Halbzeugen eine variable Dickenverteilung vorliegt. Dies ist hier unkritisch, da nur eine starre Formhälfte verwendet wird. Die Gegenseite bildet eine Folie, die sich an die variable Bauteilhöhe infolge der variablen Dicke der Preform anpassen kann (Uhlig 2017). Aus diesem Grund wurden die CF-Lasteinleitungselemente bei der Infusion zur Folie hin platziert (siehe Abbildung 35). Grundlage bildet der Ansatz von Zahlen et al. (Zahlen 2008), welche diesen als Modified Vacuum Infusion (MVI) beschreiben. Dieses Verfahren hat sich am Faserinstitut für die Herstellung von FVK-Sandwichstrukturen mit duroplastischer Matrix etabliert und wurde bereits mehrfach für die Probenherstellung in Studien über FVK-Sandwichstrukturen verwendet (etwa Dimassi et al. 2016b, Dimassi et al. 2016a, Dimassi et al. 2020). Als starre Werkzeughälfte wurde eine Glasplatte verwendet, wodurch einerseits eine hohe Oberflächengüte erreicht werden kann. Andererseits ermöglicht die Transparenz der Glasplatte eine beidseitige kontinuierliche Überwachung der Harzfließfront während des Infusionsprozesses. Auf die zu nutzende Fläche der Glasplatte wurde Trennmittel aufgetragen und der Rand mit Dichtband abgeklebt. Der komplette Lagenaufbau für den Infusionsprozess kann Abbildung 35 entnommen werden.

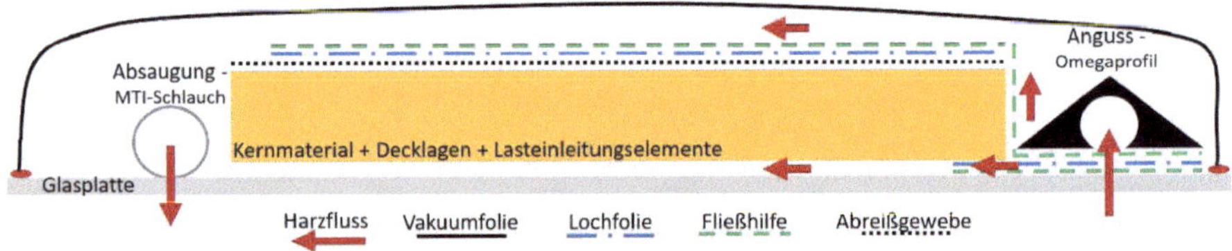

Abbildung 35: Schematische Darstellung des Lagenaufbaus beim Vakuuminfusionsverfahren

Angussseitig wurde ein kurzer Streifen der Fließhilfe so platziert, dass das als Anguss genutzte Omegaprofil diesen komplett bedeckt und gleichzeitig ca. 4 cm unter das Textil der unteren Decklage reicht. So konnte ein gleichmäßiger Harzfluss in die untere Decklage sichergestellt werden. Nachfolgend wurde das Textil der unteren Decklage, der Sandwichkern und das Textil der oberen Decklage mit den Lasteinleitungselementen platziert. Der Lagenaufbau wurde durch Abreisgewebe auf dem Textil der oberen Decklage und die Fließhilfe komplettiert. Die oben aufliegende Fließhilfe reicht dabei Angussseitig bis unter das Omegaprofil. So konnte ein Harzfluss in die obere Decklage gewährleistet werden.

Ein potenzielles Problem bei der Harzinfusion von Sandwichstrukturen stellt die Dicke des Kernmaterials dar. An den Kanten können ungewollt Hohlräume entstehen, wenn die Vakuumfolie nicht gänzlich am Kernmaterial anliegt. Folglich kann es dazu kommen, dass das niedrigviskose Harz in diesen Hohlräumen vorschießt und sich keine gleichmäßige Fließfront ausbildet. Dies kann zu einer ungleichmäßigen Imprägnierung des Bauteils führen. Um dies zu verhindern wurde die obere Fließhilfe so geschnitten, dass die Ränder frei bleiben, sodass das Harz nicht von oben in die Hohlräume gelangen kann (siehe Abbildung 36). Beim Platzieren der Vakuumfolie wurden zudem Falten an den Kanten des Schaumkerns gelegt, sodass die Vakuumfolie möglichst dicht an den Rändern des Bauteils anliegt, um die Ausbildung des Hohlraums zu minimieren. Für die lineare Absaugung wurde der MTI-Schlauch mit Glasfaser-Fließstoff umwickelt. Vor der Harzinfusion wurde der gesamte Aufbau auf Dichtigkeit geprüft.

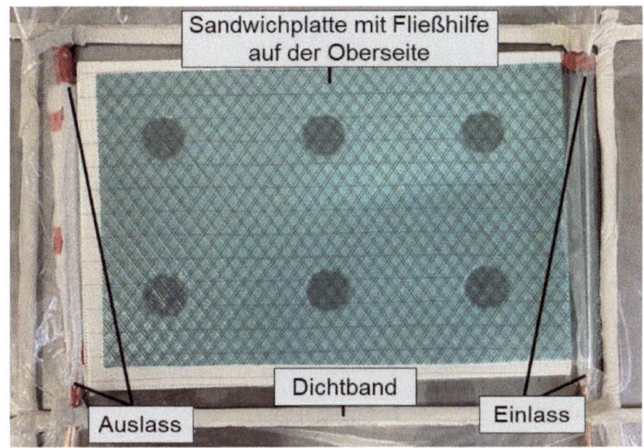

Abbildung 36: Infusion einer Sandwichplatte

Nach dem Anmischen des Zwei-Komponenten-Epoxidharzes wurde das Harz-Härter-Gemisch für mindestens 30 min bei einem Vakuum von 50 mbar gerührt, um die beim Umfüllen und Anmischen eingebrachte Luft zu entziehen. Anschließend wurde die Infusion durchgeführt. Das Vakuum wurde nach der Infusion für 24 h aufrechterhalten. Nach weiteren 24 h Aushärten bei Raumklima (23 ± 1 °C; 50 ± 5 %rF) wurden die Platten entformt. Anschließend wurde das Aushärten der Sandwichplatten im Ofen bei 60 °C für 24 h abgeschlossen.

Während der Prozessauslegung zeigte sich, dass mit folgenden Materialien und Hilfsstoffen eine optimale Vakuuminfusion der Sandwichstrukturen durchgeführt werden konnte:

- Formtrennmittel: Marbocote TRE 45 ECO (Marbocote Limited, Middlewich, UK)
- Vakuumdichtband: GS 213 (M&S Lehner GmbH Klebetechnik, Weissensberg, DE)
- Abreisgewebe: DAN5093C0 (WELA Handelsgesellschaft mbH, Geesthacht, DE)
- Flieshilfe: N1031 (Newbury Engineered Textiles, Penwood, UK)
- Omega-Harzkanal: OF500 (Airtech Europe Sarl, Differdange, Lux)
- Dichtband: GS-213-3 (Aero Consultants AG, Nänikon/Uster, CH)
- MTI-Schlauch: HP-MTI-08 (HP-Textiles GmbH, Schapen, DE)

- Flies MTI-Schlauch: 5091B6,0X (CARUSO GmbH, Ebersdorf, DE)
- Vakuumfolie: PATS-215, 50 µm (Lange + Ritter GmbH, Gerlingen, DE)

3.4.2 Herstellung der Prüfplatte: Durchtränkung im Infusionsprozess

Ziel des Arbeitspaketes war die Herstellung der Prüfplatten zur Kennwertermittlung gemäß des in Kapitel 3.1.1 erstellten Plans. Hierfür wurden die in Tabelle 12, Tabelle 13, Tabelle 14 und Tabelle 15 aufgelisteten Varianten hergestellt. Die Prüfplatten hatten standartmäßig eine Länge von 600 mm, eine Breite von 300 mm und eine Dicke von 9,4 mm.

Tabelle 12: Prüfplatten für Biege-, Schub- und Impaktversuch

#	Schaumkernmaterial	Stich-abstand [mm]	Stich-anzahl	#	Schaumkernmaterial	Stich-abstand [mm]	Stich-anzahl
1	EVONIK ROHACELL IG-F 31	Unvernäht		8	EVONIK ROHACELL IG-F 31	25,0	1
2	EVONIK ROHACELL IG-F 51	Unvernäht		9	EVONIK ROHACELL IG-F 51	12,5	2
3	EVONIK ROHACELL HERO 51	Unvernäht		10	EVONIK ROHACELL HERO 51	12,5	2
4	Armacell ArmaPet Eco 50	Unvernäht		11	Armacell ArmaPet Eco 50	5	2
5	Zotek Zotefoam NB 50	Unvernäht		12	Armacell ArmaPet Eco 50	12,5	1
6	EVONIK ROHACELL IG-F 31	5	1	13	Armacell ArmaPet Eco 50	12,5	2
7	EVONIK ROHACELL IG-F 31	12,5	1	14	Zotek Zotefoam NB 50	12,5	1

Tabelle 13: Prüfplatten für Rollschälversuch

#	Schaumkernmaterial	Stichabstand [mm]	Ausrichtung der Vernähung
15	EVONIK ROHACELL IG-F 51	Unvernäht	xxx
16	EVONIK ROHACELL IG-F 51	25	Vertikal
17	EVONIK ROHACELL IG-F 51	12,5	Vertikal
18	EVONIK ROHACELL IG-F 51	12,5	Horizontal
19	EVONIK ROHACELL IG-F 51	5	Vertikal

Tabelle 14: Prüfplatten für Pull-Out Versuch

#	Schaumkernmaterial	Lagenanzahl	Patch Durchmesser [mm]	Vernähung
20	EVONIK ROHACELL IG-F 51	4	30	Ja
21	EVONIK ROHACELL IG-F 51	6	30	Nein
22	EVONIK ROHACELL IG-F 51	4	30	Nein
23	EVONIK ROHACELL IG-F 51	4	40	Ja
24	EVONIK ROHACELL IG-F 51	6	40	Nein
25	EVONIK ROHACELL IG-F 51	8	40	Nein
26	EVONIK ROHACELL IG-F 51	4	40	Nein
27	EVONIK ROHACELL IG-F 51	Flächige Vernähung	40	Ja
28	EVONIK ROHACELL IG-F 51	bigHead	xxx	Nein

Tabelle 15: Prüfplatten für Shear-Out Versuch

#	Schaumkernmaterial	Patch/Lasteinleitung	Größe [mm]	Vernähung
29	EVONIK ROHACELL IG-F 51	Einfache Schlaufe	40 x 40	Ja
30	EVONIK ROHACELL IG-F 51	Doppelte Schlaufe	50 x 40	Ja
31	EVONIK ROHACELL IG-F 51	Kreis	Durchmesser 40	Ja
32	EVONIK ROHACELL IG-F 51	bigHead	32 x 32	Nein

Nach der Herstellung der Prüfplatten erfolgte eine Qualitätskontrolle durch Sichtprüfung. Aus den so hergestellten FVK-Sandwichplatten wurden die Probenkörper für die mechanische und optische Charakterisierung präpariert. Vor der Charakterisierung wurde die Masse der Probekörper mit einer Feinwaage und die Dimensionen mit einem Messschieber ermittelt.

3.5 Untersuchung der Eigenschaften auf Couponebene (HAP 5)

Im Rahmen des HAP 5 wurden die Eigenschaften der hergestellten Sandwichstrukturen auf Couponebene charakterisiert. Dabei wurden sowohl die Vernähung von Kern- und Decklagen als auch die Eigenschaften, der mit TFP-Patches verstärkten, Lasteinleitungsbereiche mit Fügeelementen untersucht. Die Lasteinleitung erfolgte durch eine direkte Verschraubung mittels gewindefurchender Schrauben. Die Umsetzbarkeit mit alternativen Fügeelemente wie Onserts wurde untersucht. Die Auswahl der durchgeführten Prüfungen erfolgte in Abstimmung mit den Mitgliedern des PbA.

3.5.1 Mechanische Charakterisierung

Für die mechanische Charakterisierung wurden die bereits in Tabelle 1 genannten Versuche durchgeführt. Zusätzlich wurden beim PbA-Mitglied Schrauben Betzer Versuche zum Einschrauben und Lösen gewindefurchender Schrauben durchgeführt. Die im Projekt durchgeführten Versuche werden nachfolgend beschrieben.

Biegeversuch

Die Biegeeigenschaften der un- und vernähten Sandwichprobekörper wurde im 4-Punkt-Biegeversuch nach DIN EN 53293 bestimmt. Die verwendete Prüfvorrichtung ist in Abbildung 37 dargestellt. Die Probekörper hatte eine Länge von 220 mm, eine Breite von 25 mm und eine Dicke von 9,4 mm. Die Versuche wurden an einer Zwick Z250 Universalprüfmaschine bei Einsatz einer Kraftmessdose mit 10 kN und einer Toleranz von 0,1 % des Maximalkraftwertes durchgeführt. Zur Analyse der Verstärkungswirkung der Nähfäden wurden Varianten ohne Vernähung und mit verschiedenen Armierungsdichten eingesetzt. Insgesamt 15 verschiedene Varianten wurden getestet. Insgesamt wurden pro Variante jeweils sechs Prüfungen für die Bestimmung der mechanischen Kennwerte durchgeführt.

Abbildung 37: Prüfvorrichtung für 4-Punkt-Biegeversuch nach DIN EN 53293

In Abbildung 38 ist die Biegefestigkeit der fünf Schaumwerkstoffe in der unvernähten Variante dargestellt.

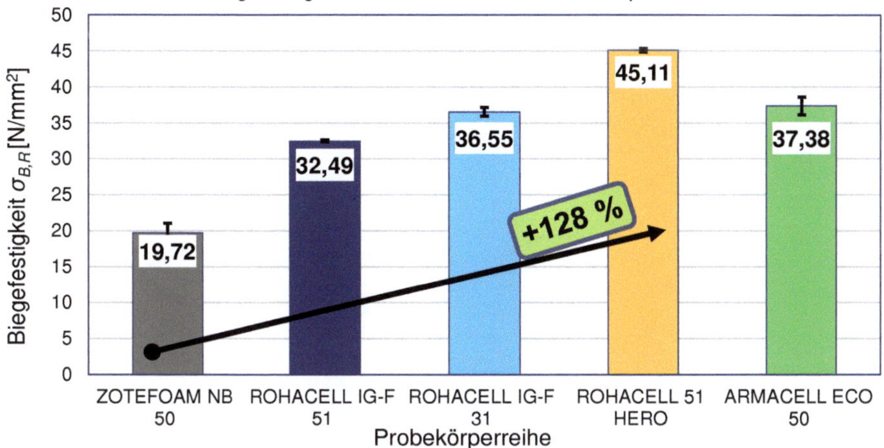

Abbildung 38: Biegefestigkeit von unvernähten Probekörperreihen

Aus Abbildung 38 geht hervor, dass die unvernähte ZOTEK ZOTEFOAM NB 50 Probekörperreihe aufgrund ihrer elastischen Eigenschaften die niedrigste Biegefestigkeit aller Probekörperreihen mit 19,72 N/mm² zeigt. Die Probekörperreihe EVONIK ROHACELL 51 HERO besitzt eine Festigkeit von 45,11 N/mm². Diese Biegefestigkeit ist um 128 % höher als die Reihe ZOTEK ZOTEFOAM NB 50. Schäume der ROHACELL HERO Familie sind für den Einsatz als Sandwichstruktur im Flugzeug z.B. als Radom, Flugzeugflügel oder Fahrwerkstür konzipiert worden. Aus diesem Grund besitzen Schäume dieser Familie hervorragende mechanische Kennwerte.

Neben dem Vergleich von unvernähten Probekörperreihen wurde anschließend der Einfluss der Armierungsdichte auf die Biegefestigkeit an zwei verschiedenen Schaumsystemen ermittelt. In Abbildung 39 ist die Biegefestigkeit der ARMACELL ECO 50 Probekörperreihen von unvernäht bis 5 mm Stichabstand dargestellt. Zudem wurde der Einfluss der erneuten bzw. doppelten Vernähung mitbetrachtet.

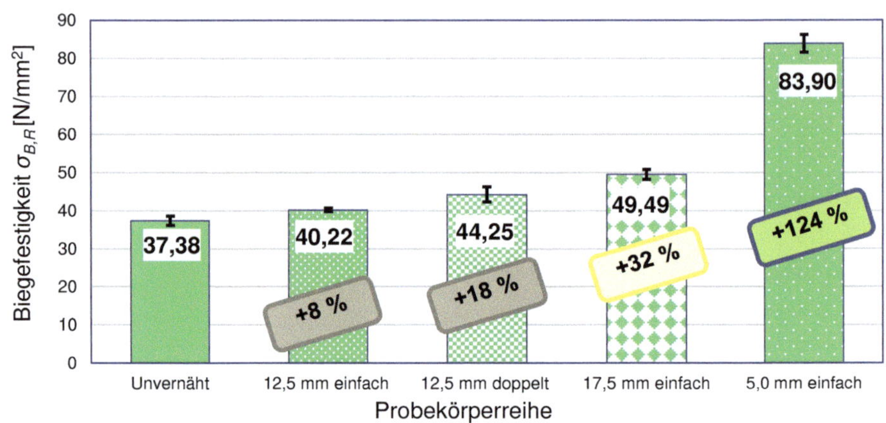

Abbildung 39: Biegefestigkeit der ARMACELL ECO 50 Probekörperreihen

Aus Abbildung 39 wird ersichtlich, dass mit zunehmender Armierungsdichte die Biegefestigkeit um bis zu 124 % (5 mm Stichabstand) im Vergleich zur unvernähten Reihe ansteigt. Durch eine doppelte Vernähung (44,25 N/mm²) steigt die Biegefestigkeit nur um 10 % im Vergleich zur einfach vernähten 12,5 mm Reihe (40,22 N/mm²) an. Der Einfluss der doppelten Vernähung auf die Biegefestigkeit kann als gering angesehen werden. Parallel zu den Versuchen mit dem PET-Schaum wurden Biegeversuche mit dem PMI Schaum ROHACELL IG-F 31 durchgeführt. In Abbildung 40 sind die Biegefestigkeiten der unterschiedlichen Probekörperreihen abgebildet.

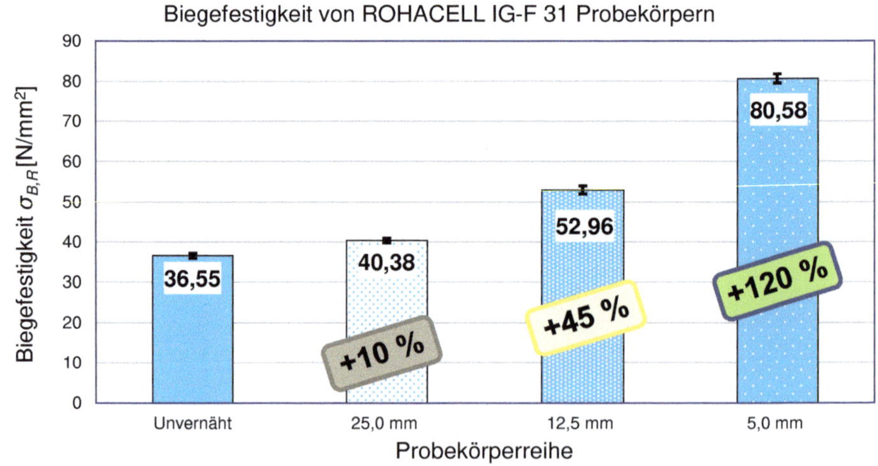

Abbildung 40: Biegefestigkeit der ROHACELL IG-F 31 Probekörperreihen

Die Biegeversuche mit ROHCELL IG-F 31 als Schaummaterial bestätigen die Erkenntnisse aus den Versuchen der ARMACELL ECO 50 Probekörperreihen. Mit kleiner werdenden Stichabstand steigt die Biegefestigkeit stark an. Bei allen Sandwichproben im Biegeversuch ist das Versagen auf Schubbruch im Kernmaterial zurückzuführen.

Schubversuch

Aus diesem Grund wurden neben den Biegeversuchen zusätzlich Schubversuche in Anlehnung an ASTM C393-00 / C393M durchgeführt. Es wurden 15 Probekörperreihen mit jeweils sechs Proben untersucht. Die Probekörper hatten eine Länge von 200 mm, eine Breite von 75 mm und eine Dicke von 9,4 mm. Die Versuche wurden an einer Zwick Z250 Universalprüfmaschine bei Einsatz einer Kraftmessdose mit10 kN und einer Toleranz von 0,1 % des Maximalkraftwertes durchgeführt. In Abbildung 41 ist die Prüfvorrichtung dargestellt.

Abbildung 41: Prüfvorrichtung für Schubversuch in Anlehnung an ATM C303-00 / C393M

In Abbildung 42 ist die Kernschubfestigkeit der fünf unterschiedlichen, unvernähten Probekörperreihen dargestellt. Wie bei den Biegeversuchen, zeigt die Probekörperreihe mit ZOTEFOAM NB 50 mit 0,31 N/mm^2 den niedrigsten Kennwert aller untersuchten Reihen. Zudem geht aus der Abbildung hervor, dass die ROHACELL IG-F 51 Reihe eine um das Dreifache höhere Kernschubfestigkeit (0,94 N/mm2) als die ZOTEFOAM-Variante aufweist.

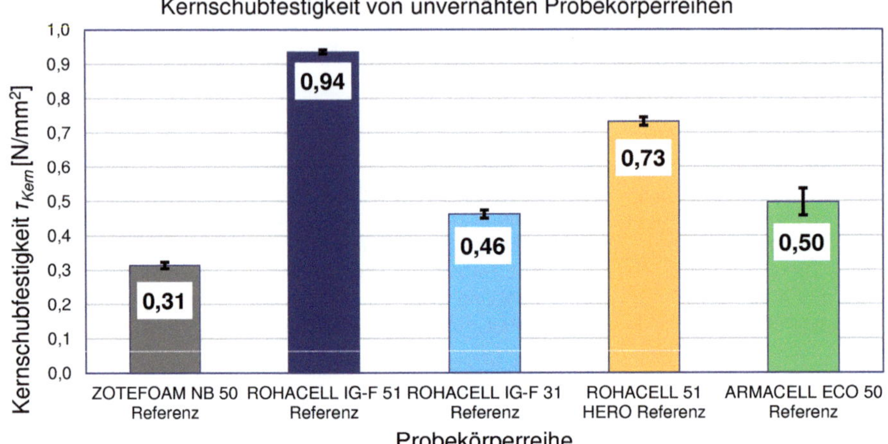

Abbildung 42: Kernschubfestigkeit von unvernähten Probekörperreihen

In Abbildung 43 ist die Abhängigkeit der Kernschubfestigkeit vom Stichabstand für Probekörperreihen mit ARMACELL ECO 50 als Schaumkern zu sehen.

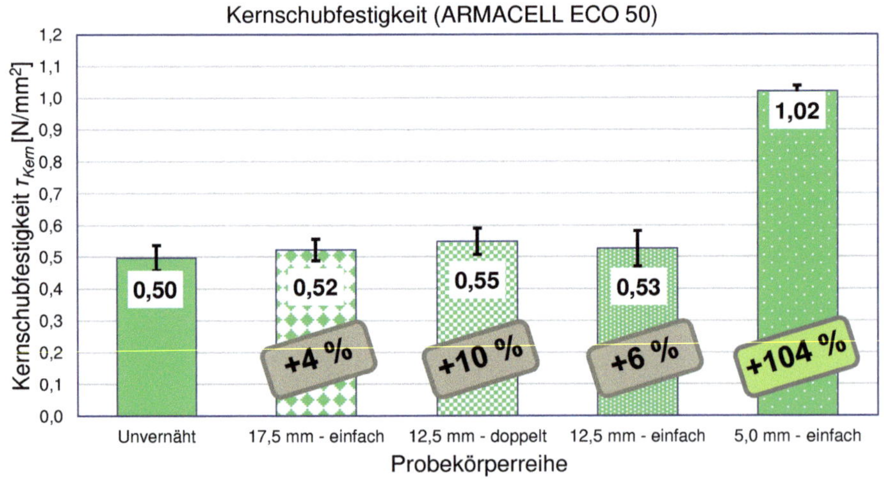

Abbildung 43: Kernschubfestigkeit der ARMACELL ECO 50 Probekörperreihen

Durch das Vernähen kann die Schubfestigkeit der Sandwichstrukturen zunehmender Armierungsdichte deutlich (104 %) erhöht werden. Dieses Verhalten zeigt sich ebenfalls am Beispiel der ROHACELL IG-F 31 Probekörperreihe die in Abbildung 44 dargestellt ist.

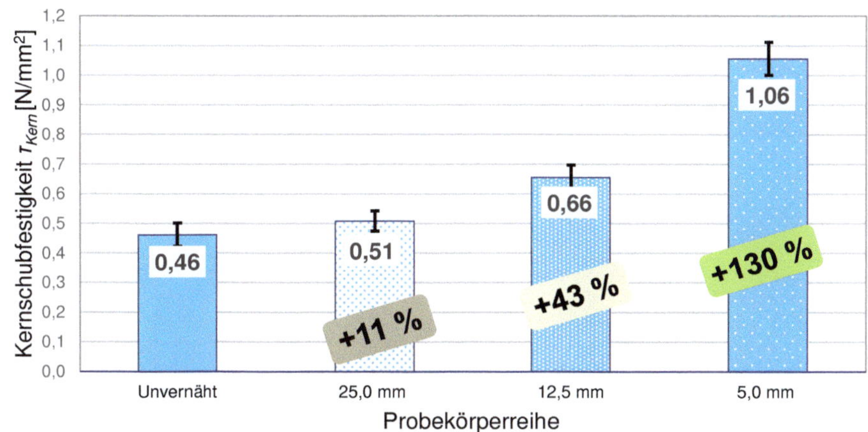

Abbildung 44: Kernschubfestigkeit der ROHACELL IG-F 31 Probekörperreihen

Die unvernähte Variante weist eine Schubfestigkeit von 0,46 N/mm² auf, sodass durch die Vernähung mit PES bei höchster Armierungsdichte eine Steigerung auf bis zu ca. 130 % erzielt werden kann. Bei beiden Reihen zeigt sich, dass Stichabstände unter 5 mm Stichabstand nur zu keiner bzw. geringen Erhöhung der Schubfestigkeit führen.

Impaktversuch

Neben den Biege- und Schubversuchen wurden Impaktversuche durchgeführt. Im Impaktversuch wurde die plastische Verformung in Dickenrichtung nach Schlagbeanspruchung bestimmt. Die Versuche wurden in Anlehnung an DIN 65561 durchgeführt. Auf eine Bestimmung der Druckfestigkeit wurde verzichtet. Für die Versuche wurde ein Fallbolzen mit einer Masse von 4 kg von einem Meter über dem zu prüfenden Probekörper über Führungsschienen fallen gelassen. Beim Auftreffen auf dem Probekörper verfügte der Fallbolzen über eine Schlagenergie von 40 J.

Im Impaktversuch wurden 15 Versuchsreihen mit jeweils vier Probekörper geprüft. Die im Versuch verwendeten Probenkörper hatten eine Länge von 150 mm, eine Breite von 100 mm und eine Dicke von 9,4 mm. Die Dicke der Probekörper wurden vor und nach dem Versuch im Zentrum gemessen. In Abbildung 45 ist der Versuchsaufbau des Impaktversuchs abgebildet.

Abbildung 45: Impaktversuch – Prüfvorrichtung und Einspannvorrichtung

In Abbildung 46 ist ein vernähter Probekörper mit einem ZOTEK ZOTEFOAM NB 50 Schaumkern vor bzw. nach dem Impakt abgebildet.

Probe vor Impakt

Probe nach Impakt

Abbildung 46: Impactprobekörper mit Schaumkern ZOTEK ZOTEFOAM NB 50 (12,5 mm Stichabstand)

Der Probekörper zeigt nach dem Aufschlag mit dem Fallbolzen ein Ablösen der Deckschicht vom Schaumkern. Das Ablösen breitet sich von der Aufschlagstelle zu den Rändern des Probekörpers aus. Dabei ist zu beobachten, dass die Vernähung zu einer rissstoppenden Wirkung führt.

In Abbildung 47 ist die plastische Eindringtiefe des Impaktors von Probekörperreihen mit unterschiedlichen Schaummaterialien in un- und vernähter Variante dargestellt. Der Stichabstand betrug jeweils 12,5 mm.

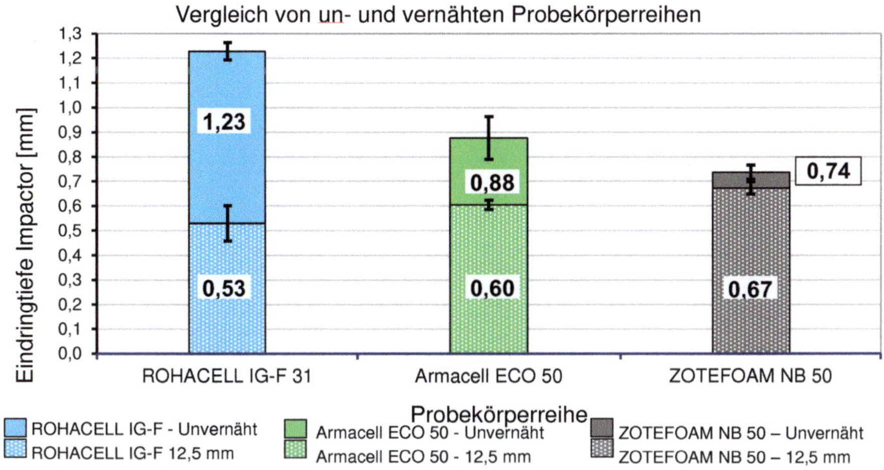

Abbildung 47: Impaktversuch – Vergleich von un- und vernähten Probekörperreihen

Unvernähte Sandwiches mit EVONIK ROHACELL IG-F 31 Schaumkern weisen die höchste Eindringtiefe mit 1,23 mm des Impactors auf. Durch die Armierung mit 12,5 Stichabstand verringert sich die Eindringtiefe um 0,7 mm bzw. 132 %. Probekörper mit ZOTEK ZOTEFOAM NB 50 Schaumkern zeigen die niedrigste Eindringtiefe (0,74 mm) aller unvernähten Probekörper. Durch die Armierung kann nur eine geringe Verbesserung der Impakt Eigenschaften erzielt werden (10 %). Wie bereits erwähnt lässt sich dieses Verhalten auf die elastischen Eigenschaften des Polyamid Schaums zurückführen.

Bei allen Impaktversuchen konnte gezeigt werden, dass eine Vernähung der Probekörper zu einer Reduzierung der Eindringtiefe des Fallbolzens führt.

Rollschälversuch

Bei konventionellen Sandwichstrukturen sind die Decklagen adhäsiv mit dem Kern verbunden und reagieren empfindlich auf schälende Beanspruchung. Im Rollschälversuch kann die Schälkraft der Klebeverbindung zwischen Deckschicht und Kernmaterial an unvernähten und vernähten Sandwichprobekörpern gemessen werden. Die Bestimmung des Schälwiderstandes wurde nach DIN EN 2243-3 an fünf Probekörperreihen mit jeweils sechs Probekörpern durchgeführt. Die Probekörper hatten eine Länge von 300 mm, eine Breite von 75 mm und eine Höhe von 9,4 mm. An beiden Enden des Probekörpers wurden die obere Deckschicht und der Kern über eine Länge von 30 mm mittels CNC-Fräse entfernt. Die Rollschälvorrichtung besteht aus einer Trommel mit seitlichen Flanschen, flexiblen metallischen Lastbändern und Klemmvorrichtung an der Trommeloberfläche sowie einer weiteren Klemmvorrichtung an der Kraftmessdose. Der Versuchsaufbau mit eingespanntem Probekörper ist in Abbildung 48 dargestellt. Die Versuche wurden an einer Zwick Z250 Universalprüfmaschine bei Einsatz einer Kraftmessdose mit 10 kN und einer Toleranz von 0,1 % des Maximalkraftwertes durchgeführt. Die Schältrommel wird über die flexiblen Metallbänder an der unteren Prüfmaschinenseite befestigt. Durch die Abwärtsbewegung der unteren Traverse erfolgte ein Aufrollen der Trommel und das Abschälen der Decklage vom Schaumkern. Bei allen Versuchen wurde eine Vorkraft von 25 N und eine Prüfgeschwindigkeit von 25 mm/min gewählt. Der Schälvorgang erfolgte über eine

Länge von 175 mm unter Aufzeichnung der Kraft-Weg-Kurve. Im Anschluss wurde die aufgerollte Decklage von der Trommel abgerollt, um die Aufrollkraft der Decklage zu bestimmen.

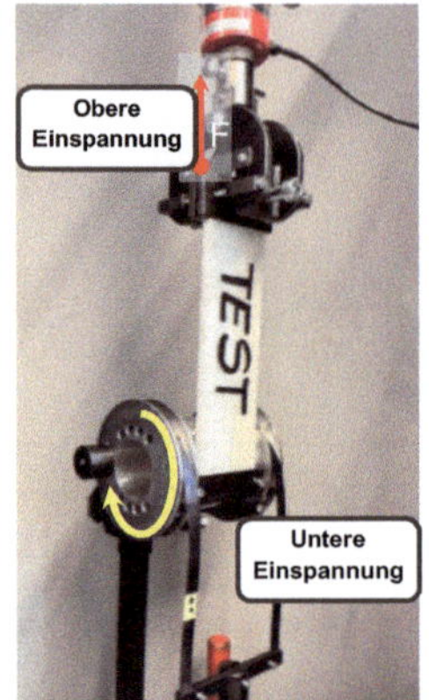

Abbildung 48: Trommelschälversuch - Versuchsaufbau

Zur Untersuchung der Verstärkungswirkung der Nähfäden wurden die in Abbildung 49 dargestellten Probekörpervarianten eingesetzt. Als Referenz wurden Probekörper ohne Vernähung geprüft.

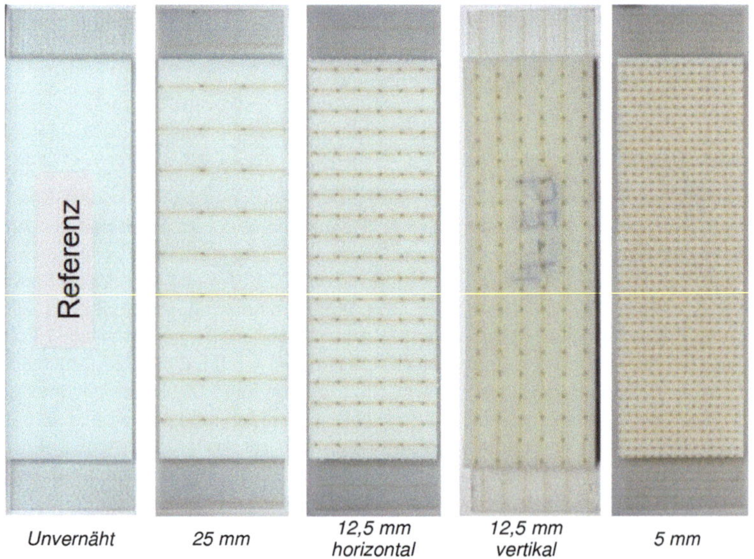

Abbildung 49: Probekörper für den Trommelschälversuch

In Abbildung 50 ist der Kraft-Weg-Verlauf für das Aufrollen und Abrollen der Decklage je Probekörpervariante dargestellt.

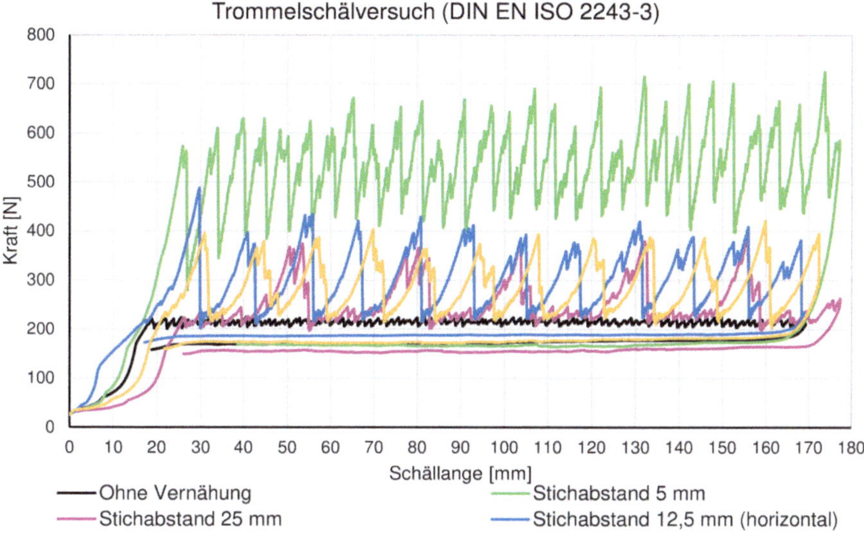

Abbildung 50: Trommelschälversuch Kraft-Weg Verlauf

Die unvernähte Probekörperreihe (schwarze Kurve) zeigt beim Aufrollen und Abrollen einen konstanten Verlauf. Die vernähten Probekörperreihen unterscheiden sich im Aufrollvorgang grundlegend davon. So ist bei allen vernähten Reihen ein sägezahnartiger Verlauf zu erkennen. Während des Trommelschälversuchs ist bei jedem „Sägezahn" eine Reihe von Pins kollabiert. Bei genauer Betrachtung der Verläufe von vernähten Varianten fällt auf, dass die Sägezähne an den Spitzen oszillieren. Daraus lässt sich schlussfolgern, dass nicht die gesamt Reihe an Pins schlagartig, sondern versetzt voneinander versagen.

Wie bereits erwähnt sind Schälkraft und -widerstand interessante Kennwerte des Trommelschälversuchs. Die Schälkraft berechnet sich aus der Differenz der Kräfte, die für das Aufrollen bzw. Abrollen der Decklage nötig sind. Die Kräfte werden als Mittelwert über eine Schällänge von 125 mm bestimmt. Die Ergebnisse der ersten 25 mm des Schälvorgangs werden laut Norm aus der Berechnung der Kraft ausgeschlossen. Für die Berechnung der Schälkraft ist die Schällänge von 25 mm bis 175 mm entscheidend. Der Schälwiderstand ergibt sich als Quotient aus Schälkraft und Probenbreite (75 mm). In Abbildung 51 sind die Schälwiderstände der fünf untersuchten Prüfkörpervarianten dargestellt.

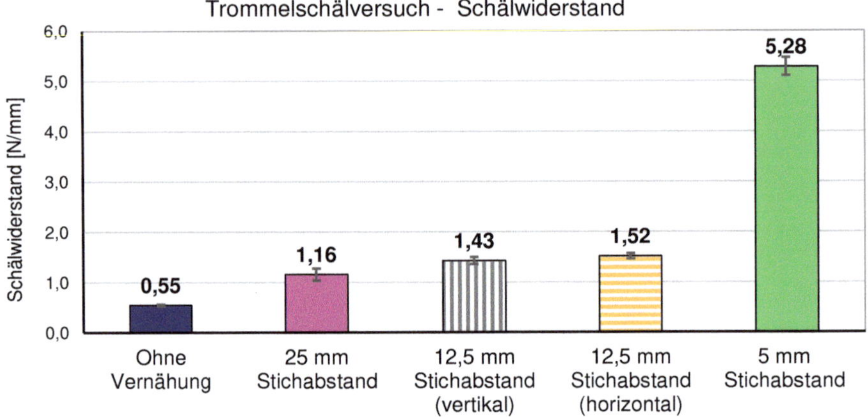

Abbildung 51: Trommelschälversuch - Schälwiderstand

Festzustellen ist, dass der Widerstand gegen schälende Beanspruchung mit zunehmender Armierungsdichte im Vergleich zur unvernähten Variante um bis zu Faktor zehn gesteigert werden kann. Der Schälwiderstand ändert sich bei vertikaler- oder horizontaler Vernähung nur geringfügig. Bei der Probenkörpervariante ohne Vernähung versagt der Probekörper in der Fügezone zwischen Schaum und Decklage infolge der Querzugbeanspruchung. Probekörper mit einer Vernähung versagen stets infolge eines Schubversagens des Kernmaterials unter 45° zur z-Achse in Kernmitte zwischen zwei Nähfadenreihen in Längsrichtung. Bei weiterer Belastung breitet sich dieser Riss unter 45° zur z-Achse bis zu den Nähfadenreihen aus, wodurch dieser in z-Richtung umgelenkt wird. Anschließend verläuft der Riss entlang der Nähfäden bis zur Deckschicht und wird dort gestoppt. Sandwiches mit Vernähung weisen neben einem hohen Widerstand gegen Schälbeanspruchung auch Fail-Safe-Verhalten durch die Riss-Stopp-Funktion der Nähfaden auf. Bei der Probenkörperserie mit 5 mm Stichabstand kommt es zusätzlich zu den Schubbrüchen zu vereinzelten Nähfadenbrüchen im Bereich der Umlenkung des Zugflusses. In Abbildung 52 ist ein Probekörper mit 5 mm Stichabstand nach der Prüfung abgebildet.

Abbildung 52: Probekörper mit 5 mm Stichabstand nach der Prüfung

Schraubversuch

Um die verschiedenen Lasteinleitungselemente mechanisch zu charakterisieren, wurde das Schraubverhalten sowie das Auszugverhalten unter Pull-Out-Belastung und unter Shear-Out-Belastung untersucht. Pull-Out sieht dabei eine reine out-of-plane-Belastung des Lasteinleitungselements normal zur Plattenoberfläche vor. Shear-Out beschreibt die in-plane-Belastung parallel zur Plattenoberfläche. Obwohl diese zwei Versuche die grundlegende Charakterisierung von Lasteinleitungselementen von Sandwichstrukturen bilden (bspw. Heimbs und Pein 2009; Kim und Lee 2008; Schwennen 2016; Seemann und Krause 2018), existieren aktuell keine Normen oder Standards. Im Insert Design Handbook der ESA (ECSS 2011) finden sich Empfehlungen, nach denen die Versuche im Rahmen dieser Studie durchgeführt wurden.

Für die Durchführung der Versuche ist neben dem Lasteinleitungselement ein Befestigungselement notwendig, über welches die Kraft in die Struktur eingeleitet werden kann. Bei den Onsert-Referenzproben wurde dafür durch die auf den aufgeklebten Onsert geschweißte Mutter in die darunter liegende Sandwichstruktur gebohrt (Durchmesser: 4 mm). Anschließend wurde eine Schraube des Typs M6 x 5 05071 der Schrauben Betzer GmbH & Co. KG (Lüdenscheid, DE) eingeschraubt. Bei den Probenkörpern mit CF-Lasteinleitungselement wurde mittig mit einem 4 mm- Bohrer durch die komplette Struktur gebohrt. Anschließend wurden gewindefurchende Schrauben des Typs rsa 6 x 45 der Schrauben Betzer eingeschraubt. Abbildung 53 zeigt den Ablauf des Einbringens der Schraube bei den Probekörpern.

Abbildung 53: Vorbereitung der Probekörper

Alle Probenkörper wurden vor der Prüfung für mindestens 24 h im Prüfklima nach DIN EN ISO 291 (23 ±1 °C; 50 ± 5 % rF) klimatisiert.

Die Schraubversuche wurden extern beim PbA-Mitglied Schrauben Betzer in deren Labor in Lüdenscheid durchgeführt. Ziel der Versuche war die Aufzeichnung des Drehmomentverlaufs während des Einschraubens und Lösens der gewindefurchenden Schrauben. Als Probekörper dienten die zuvor im Pull-Out Versuch getesteten Probekörper. Da im Pull-Out Versuch gewindefurchende Schrauben vom Typ rsa 6 x 45 zum Einsatz kamen, mussten diese aus den Probekörpern herausgedreht und die Löcher auf 7 mm aufgebohrt werden. Anschließend konnte in den Versuchen die gewindefurchenden Schrauben von Schrauben Betzer vom Typ rsa 9 x 30 mit Innensechskantkopf in die präparierten Probekörper eingeschraubt werden. Hierzu wurden die Probekörper mittels Schaubzwinge oder Spannpratzen an den Maschinentisch fixiert. Für die Einschraubversuche wurde ein Bohrautomat von Weber Schraubautomaten GmbH (Wolfratshausen, DE) vom Typ BSM 28120A verwendet. Bei allen Versuchen wurde eine

Drehzahl von 250 Umdrehungen pro Minute, eine Schraubdauer von 2 s und eine Anpresskraft von 2 kg (ca. 20 N) gewählt. Getestet wurden insgesamt 13 Probekörperserien mit zwei bis sechs Probekörpern je Serie. Abbildung 54 zeigt den Versuchsaufbau der Schraubversuche.

Abbildung 54: Schraubversuche - Versuchsaufbau

Entscheidend bei den Schraubversuchen war das maximale Drehmoment beim Einschrauben bzw. Lösen der Schrauben. In Abbildung 55 ist das max. Drehmoment in Abhängigkeit der Lagenanzahl dargestellt.

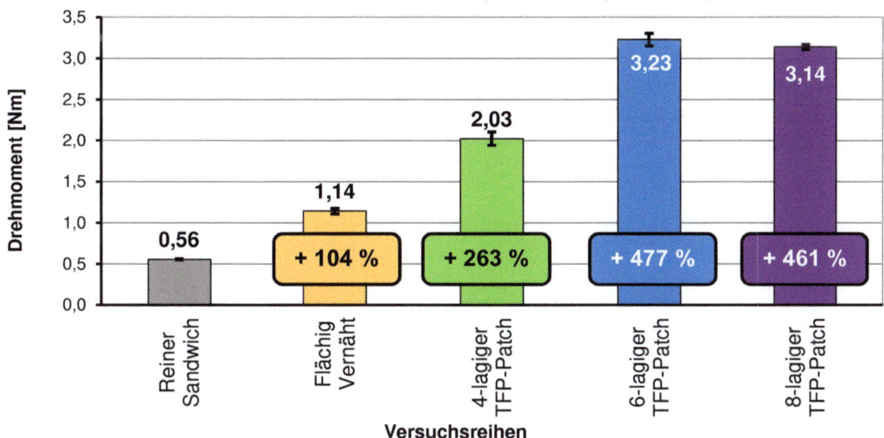

Abbildung 55: Einschraubversuche - Einfluss der Lagenzahl

Wie zu erwarten steigt das Drehmoment durch die Erhöhung der Lagenanzahl um bis zu 477 % an. Bei Probekörpern mit acht CF-Lagen liegt das Drehmoment mit 3,14 Nm unter den Probekörpern mit sechs Lagen (3,23 Nm). Das Einschrauben wurde an drei Probekörper je Variante durchgeführt. Aus diesem Grund müssten weitere Probekörper hergestellt und Schraubversuche durchgeführt werden, um eine gesicherte Aussage treffen zu können. In Abbildung 56 ist der Einfluss der Vernähung im Einschraubversuch abgebildet.

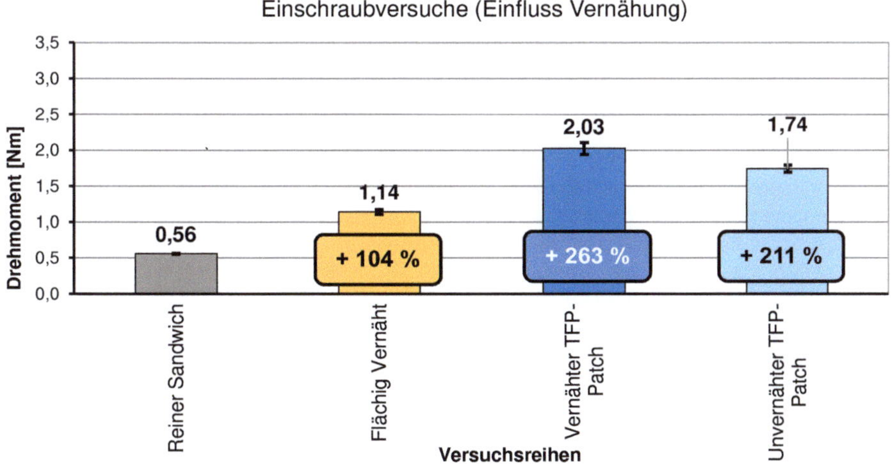

Abbildung 56: Einschraubversuche - Einfluss der Vernähung

Bei der un- und vernähten Versuchsreihe handelte es sich um Probekörper mit vierlagigem CF-Patch. Durch die Vernähung der Patches und den daraus im Vakuuminfusionsverfahren entstandenen Harzpins konnte das Drehmoment im Vergleich zu unvernähten Patches um 16 % gesteigert werden.

Neben dem Einschraubvorgang wurde zusätzlich das Lösen der Schrauben untersucht. In Abbildung 57 ist das Einschraube- und Lösemoment von vier verschiedenen Versuchsreihen dargestellt.

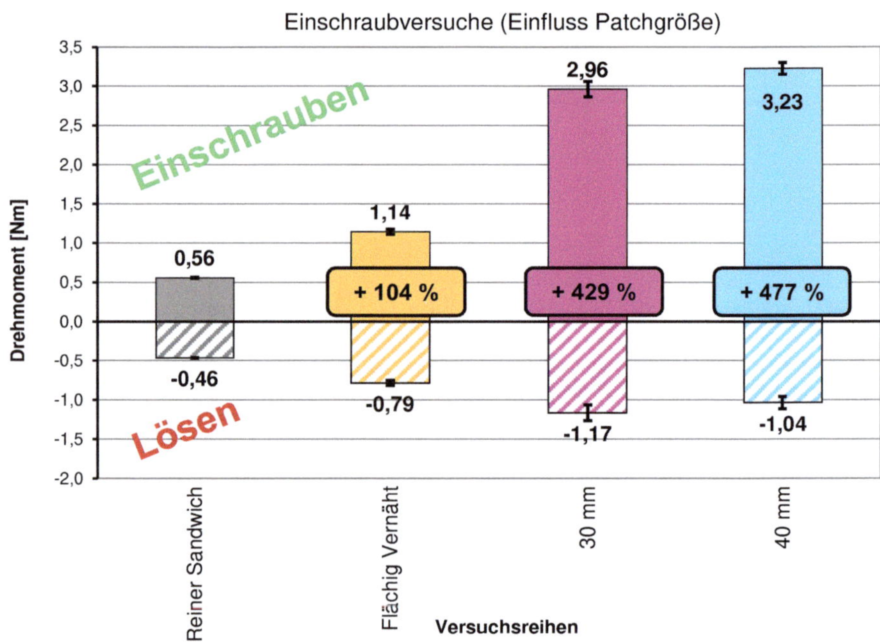

Abbildung 57: Einschraubversuche - Einfluss der Patchgröße

Die Versuchsreihe „Reiner Sandwich" zeigt mit 0,56 Nm Einschraubmoment und -0,46 Nm Lösemoment erwartungsgemäß die niedrigsten Momente. Beim Einfluss der Patchgröße kann aufgrund der begrenzten Anzahl an Probekörper keine gesicherte Aussage getroffen werden. Es zeigt sich, dass durch die Verwendung eines flächig vernähten sechslagigen Patches das Einschraubmoment (+429 %) und das Moment zum Lösen der Schraube erhöht werden konnte.

In Abbildung 58 ist eine eingeschraubte rsa 9 x 30 Schraube nach dem Einschraubversuch zu sehen. Beim Übergang zwischen Patch und Schraube fällt auf, dass Teile des Patches, während des Eindrehens der gewindefurchenden Schraube, nach oben herausgezogen wurden.

Abbildung 58: Eingeschraubte rsa 9x30 Schraube

Pull-Out Versuch

Für die Pull-Out -Versuche wurden quadratische Probenkörper mit einer Seitenlänge von 130 mm hergestellt. Das Lasteinleitungselement mit der Schraube befindet sich in der Mitte des Probenkörpers. In Abbildung 59 ist ein Probenkörper für den Pull-out-Versuch schematisch dargestellt. Abbildung 60 zeigt den Probenkörper mit eingedrehter Schraube, über die die Pull-Out-Belastung eingeleitet wurde.

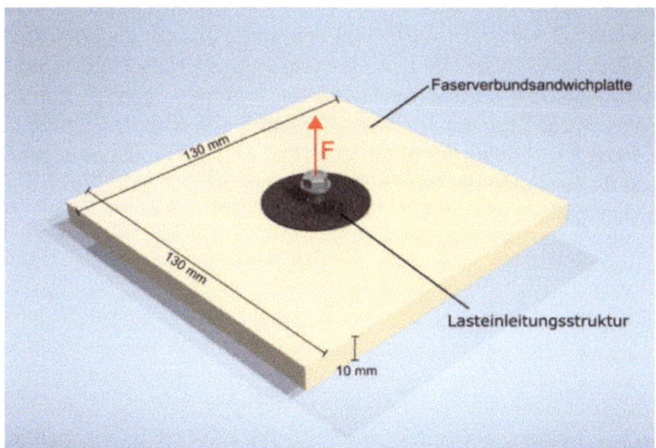

Abbildung 59: Schematische Darstellung der Probekörper für den Pull-Out Versuch

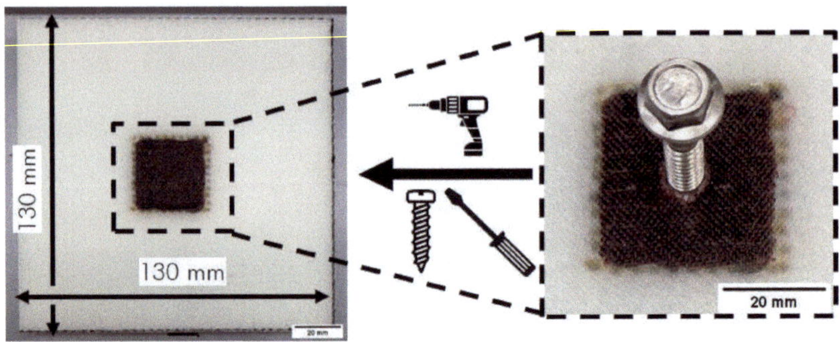

Abbildung 60: Integration der gewindefurchenden Schraube für den Lastfall Pull-Out

Die Kraft muss bei diesem Versuch normal zur Plattenebene eingeleitet werden. Die genutzte Prüfvorrichtung ist in Abbildung 61 dargestellt. Der zu prüfende Probekörper wird in die untere Halterung, eine Platte mit einer kreisförmigen Öffnung mit einem Durchmesser von 70 mm, eingelegt (ECSS 2011). Die Schraube zeigt dabei nach oben durch die Öffnung, sodass der Probekörper unter Belastung gegen die untere Halterung gepresst wird. Die Einspannung ist in Abbildung 4.6b gezeigt. Die Schraube wird dann in die obere Halterung geführt, welche in die obere pneumatische Klemme der Universalprüfmaschine eingespannt ist (Klemmdruck: 75 bar). Für den Pull-Out -Versuch wird die untere Halterung nach unten bewegt und die Kraft über die Wägezelle gemessen. Der Versuch wurde mit einer ZwickRoell Z250 Universalprüfmaschine (Zwick GmbH & Co. KG, Ulm, DE) mit 250 kN Wägezelle und der zugehörigen Software (testXpert III Prüfsoftware Zwick) durchgeführt. In Anlehnung an DIN EN ISO 527-1 und ECSS (2011) wurde mit einer kontinuierlichen Prüfgeschwindigkeit von 2 mm/min geprüft. Als Vorkraft wurden 25 N gewählt. Der Weg wurde über die Traverse aufgenommen und die Prüfung bei einem Kraftabfall von 80 % beendet. Je Variante wurden drei bis sechs Probekörper getestet. Während des Versuchs wurde die Kraft und der Weg aufgezeichnet, sodass das Ergebnis als Kraft-Weg-Kurve dargestellt werden kann.

Abbildung 61: Prüfvorrichtung Pull-Out Versuch

Um die in diesem Projekt entwickelten Lasteinleitungskonzepte mit konventionell genutzten Lasteinleitungselementen vergleichen zu können, wurden Probenkörper mit sog. bigHead (siehe Abbildung 62, Typ SF 1/S32-M6HEX, Bossard Deutschland GmbH, Illerrieden, DE) als Lasteinleitungselement hergestellt. Das Element besteht aus einem perforierten Kopf und einem aufgeschweißten Befestigungselement wie einer Mutter oder einem Bolzen. Diese Elemente stellen klassische Verbindungs- und Lasteinleitungselemente in der Kunststoff- und FVK-Technik dar. Sie werden während oder nach der Herstellung eines Bauteils in der Regel durch Aufkleben integriert oder bereits während der Formgebung eingebracht. Es stehen unterschiedliche Varianten zur Verfügung. In dieser Arbeit wurden bigHead mit quadratischem Kopf (32 x 32 mm) und einer aufgeschweißten Mutter verwendet. Sie wurden nach der Herstellung der Sandwichplatten auf diese aufgeklebt und stellen somit ein Lasteinleitungselement der Onsert-Kategorie dar. Als Adhäsiv wurde das Epoxidharzsystem der Matrix der FVK-Sandwichdecklagen verwendet (siehe Kapitel 3.4.2). Die Oberfläche wurde vorher mit P120-Schleifpapier angeraut und anschließend mit Aceton gereinigt. Je bigHead-Element wurde ca. 1 g Harz-Härter-Gemisch verwendet. Um zu verhindern, dass das niedrigviskose Harz in die Mutter des Elements einfließt wurde der Gewindegang mit Dichtband und Tape abgedichtet. Die Elemente wurden für die Zeit der Aushärtung mit geringem Druck auf die Platte gepresst. Nach dem Aushärten wurde durch die Mutter bis in den Kern der Sandwichplatte vorgebohrt und die Schraube (M6 SW8, Schrauben Betzer GmbH & Co. KG, Lüdenscheid, DE) zur Einleitung der jeweiligen Last in den mechanischen Versuchen eingeschraubt. Abbildung 62 zeigt einen Probenkörper mit aufgeklebtem bigHead.

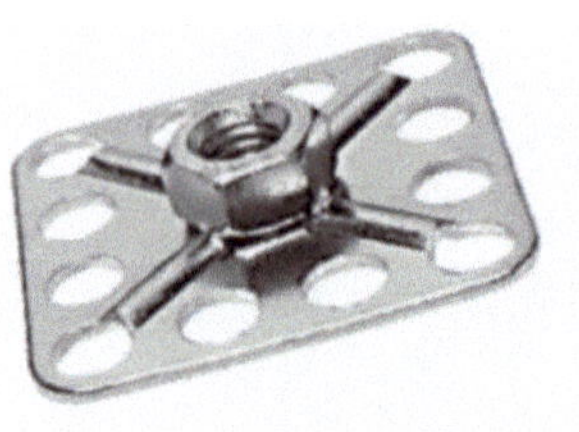

bigHead mit quadratischem Kopf   *Probekörper für den Pull-Out Versuch*

Abbildung 62: BigHead als Lasteinleitungselement

Während der Pull-Out Versuche wurde der Kraftverlauf in Newton (N) über die Verformung in Millimeter (mm) aufgezeichnet. Abbildung 63 zeigt beispielhaft typische Kraft-Weg-Kurve aus dem Pull-out-Versuch für un- und vernähte Patchprobekörper sowie Referenzprobekörper. Dabei sind zwei markante Punkte im Verlauf zu erkennen. Bei einem Traversenweg von ca. 2,5 mm kommt es zu einem ersten deutlichen Kraftabfall von ca. 0,5 kN für Probekörper mit CF-Preform als Lasteinleitungselement. Neben der erreichten Maximalkraft (im Beispiel bei einem Weg von 6-6,5mm) ist die erreichte Kraft bei diesem ersten Kraftabfall die wichtigste Größe des Versuchs. Sie definiert die zulässige Betriebslast der Verbindung, während die Maximalkraft als eine Sicherheitsreserve betrachtet werden kann (Schwennen 2016). Diese kann auch als Bruchkraft bezeichnet werden (Roth 2006). Des Weiteren kann die Steigung im linearen Bereich am Beginn der Kurve als Maß für die Steifigkeit des Lasteinleitungselements betrachtet werden (Roth 2006).

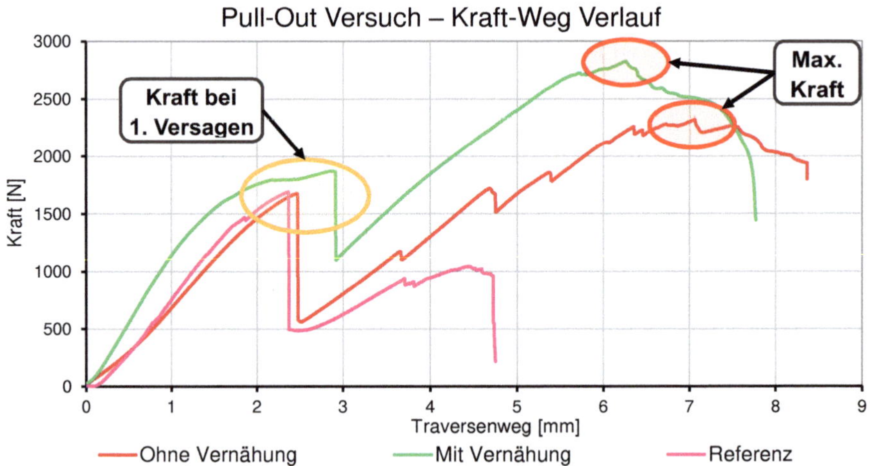

Abbildung 63: Kraft-Weg Verlauf im Pull Out Versuch

Bei den Referenzproben mit aufgeklebten bigHead steigt die Kraft nach dem ersten Versagen erneut an. Die Kraft beim finalen Versagen (1,03 kN) liegt jedoch unter der Kraft beim Erstversagen (1,73 kN). Für die Referenzproben gilt, dass die Kraft beim 1. Versagen gleich der max. Kraft ist. In diesem Fall lag die Kraft bei 1,73 kN. Aus Abbildung 64 geht zudem hervor, dass eine Vernähung und die durch die Infusion entstandenen Harzpins zu einer 26 % höheren Auszugskraft der Schraube führen.

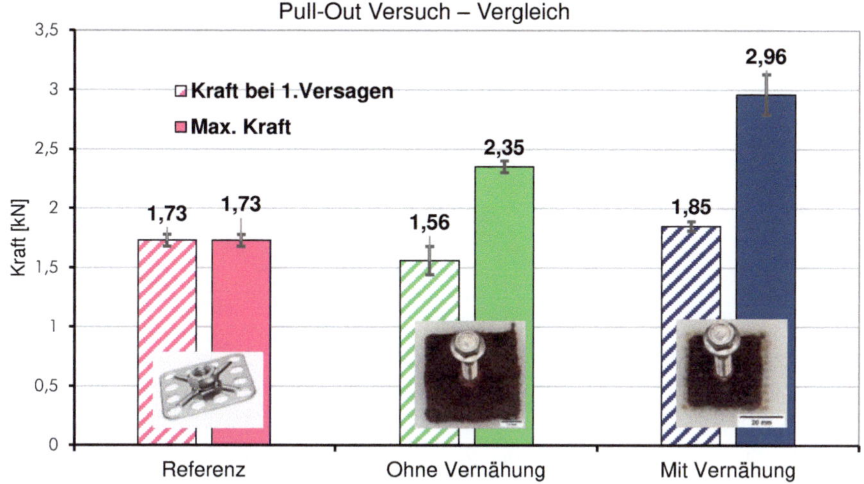

Abbildung 64: Pull-Out Versuch - Vergleich

Nach dem Pull-Out Versuch wurde aus ein Probekörper mit vernähtem Patch die Schraube vorsichtig herausgedreht und der Probekörper mittels Trennsäge in zwei Hälften zerteilt. In Abbildung 65 ist der Probenkörper in Dickenrichtung dargestellt.

Abbildung 65: Pull-Out Probekörper nach der Prüfung (Schraube wurde entfernt)

Es zeigte sich, dass die Kohlenstofffasern des Patches stark herausgerissen und der der Schaum sowie die Harzpins stark beschädigt wurden. Um zu verstehen, welcher Zusammenhang zwischen Kraft-Weg Verlauf und Schädigung des Probekörpers besteht wurde Probekörper bis zum ersten Versagen und weitere Probekörper bis zum finalen Versagen getestet. Beide Probekörperserien wurden anschließend mittels CT untersucht und ausgewertet. Die Untersuchungen werden in Kapitel 3.5.2 beschrieben.

Shear-Out Versuch

Beim Shear-Out Versuch soll eine in-plane-Belastungen über das Lasteinleitungselement in den Probekörper eingebracht werden. Abbildung 66 zeigt die Dimensionen der verwendeten Probekörper sowie den zu untersuchenden Lastfall.

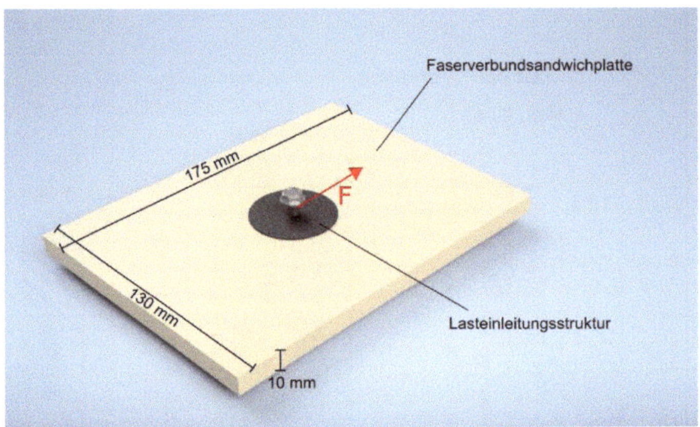

Abbildung 66: Schematische Darstellung der Probekörper für den Shear-Out Versuch

Für die Prüfung wurde der Probekörper aufrecht in einen Rahmen eingespannt. Über die Schraube wurde eine Scherbelastung in das Lasteinleitungselement eingeleitet. Dabei bewegten sich die Probenkörper solange nach oben, bis sie dort gegen die obere Begrenzung stießen, gegen welche sie während des gesamten Versuchs gepresst wurden. Abbildung 67 zeigt den Aufbau des Shear-Out-Versuchs in der Frontansicht und verdeutlicht, wie die Probe in den Rahmen eingespannt wurde. Die Schraube wurde über zwei Aluminium-Backen mit je einer halbkreisförmigen Nut in die obere Halterung eingespannt, welcher als Shear-Out-Arm bezeichnet werden kann. Hier ist zu beachten, dass das Befestigungselement, über welches die Kraft eingeleitet wird, nicht als Hebelarm fungiert. Dies hätte dazu geführt, dass anstatt einer in-plane-Belastung ein Drehmoment eingeleitet wird. Um dies zu verhindern, wurde der Shear-Out-Arm so konzipiert, dass dieser über eine Rückführung auf Höhe der Probenkörperebene in die pneumatischen Klemmen eingespannt werden kann. Analog zu den Pull-Out Versuchen wurden die Shear-Out Versuche mit einer ZwickRoell Z250 Universalprüfmaschine (Zwick GmbH & Co. KG, Ulm, DE) mit einer 250 kN Wägezelle und der zugehörigen Software (testXpert III Prüfsoftware Zwick) durchgeführt. Ebenfalls in Anlehnung an DIN EN ISO 527-1 wurde eine kontinuierliche Prüfgeschwindigkeit von 2 mm/min gewählt und der Weg wurde über die Traverse aufgenommen. Die Vorkraft musste auf 50 N erhöht werden, da es bis zum Anschlag des Probekörpers am oberen Rand noch zum Rutschen der Probe im Rahmen kam. Da es bei den Shear-Out - Versuchen nicht zu einem plötzlichen Kraftabfall kam, wurde die Prüfung mindestens bis zu einer Verformung von 8 mm durchgeführt. Je Variante wurden sechs Probekörper getestet.

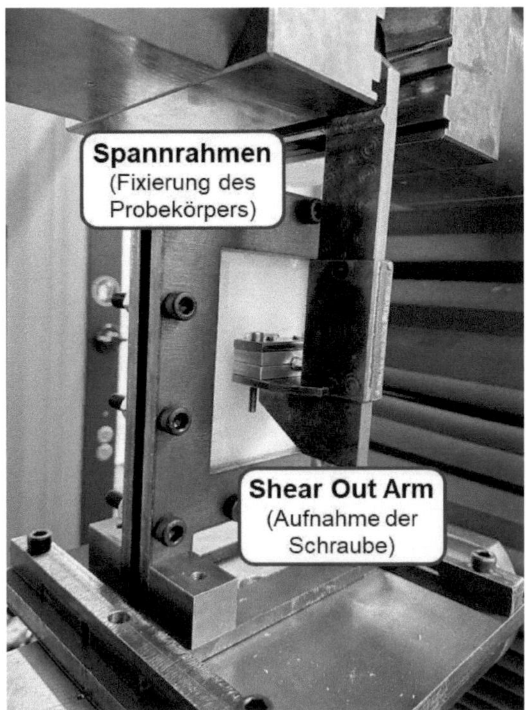

Abbildung 67: Versuchsaufbau Shear-Out Versuch

Im Shear-Out-Versuch wurden die in Abbildung 21 dargestellten Varianten sowie die bigHead-Referenzproben untersucht. Die Kraft-Weg Verläufe der vier Serien sind in Abbildung 68 dargestellt.

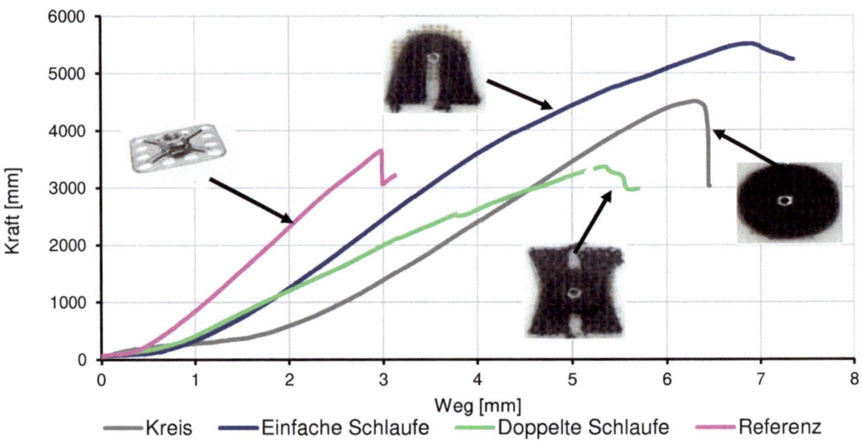

Abbildung 68: Shear-Out Versuch – Kraft- Weg- Verlauf

Die resultierenden Kraft-Weg-Verläufe weisen im Gegensatz zum Verlauf der Kurven aus dem Pull-Out Versuch keinen ausgeprägten Wiederanstieg der Kraft nach einem initialen Versagen auf.

Abbildung 69 zeigt die Ergebnisse für die Maximalkraft und die Steifigkeit. Es ist zu erkennen, dass die Maximalkraft der Varianten „Einfache Schlaufe" und „Kreis" die der Referenzproben deutlich und statistisch signifikant übersteigt (+32,72 % bzw. +41,07 %). Die Maximalkraft der Variante „Doppelte Schlaufe" liegt auf dem gleichen Niveau wie die der Referenzproben. Dabei ist interessant, dass die vereinfachte Variante „Kreis" den insgesamt höchsten Wert aufweist. Dies könnte darauf zurückzuführen sein, dass bei dieser Variante die nach den maximalen und minimalen Hauptnormalspannungen ausgelegten Faserverläufe in einer Lage kombiniert vorliegen. Bei der Variante „Doppelte Schlaufe" dagegen sind die Faserverläufe von je zwei der vier Lagen nach den minimalen und zwei nach den maximalen Hauptnormalspannungen ausgelegt. Dies könnte dazu führen, dass die Gesamtspannungen im Bauteil bei der Variante „Einfache Schlaufe" besser aufgenommen werden können und daher eine höherer Maximalkraft im Pull-Out-Versuch gemessen werden konnte. Die Maximalkraft der Variante „Einfache Schlaufe" liegt auf dem gleichen Niveau wie die der Variante „Kreis". Hier wurden nur nach den maximalen Hauptnormalspannungen ausgelegte Faserverläufe integriert. Da diese hauptsächlich der Aufnahme von Zugbelastungen dienen, scheint die Zugbelastung der Fasern während des Shear-Out-Versuchs der dominierende Lastfall zu sein. Bei den Varianten „Einfache Schlaufe" und „Kreis" liegen vier Faserlagen entgegen der Belastungsrichtung. Bei der Variante „Doppelte Schlaufe" dagegen liegen zwei der vier Lagen in Belastungsrichtung. Dabei handelt es sich um die zwei Lagen mit den Faserverläufen, welche anhand der minimalen Hauptnormalspannungen ausgelegt wurden. Es lässt sich schlussfolgern, dass deren Einfluss auf die Maximalkraft im Shear-Out Versuch geringer ist.

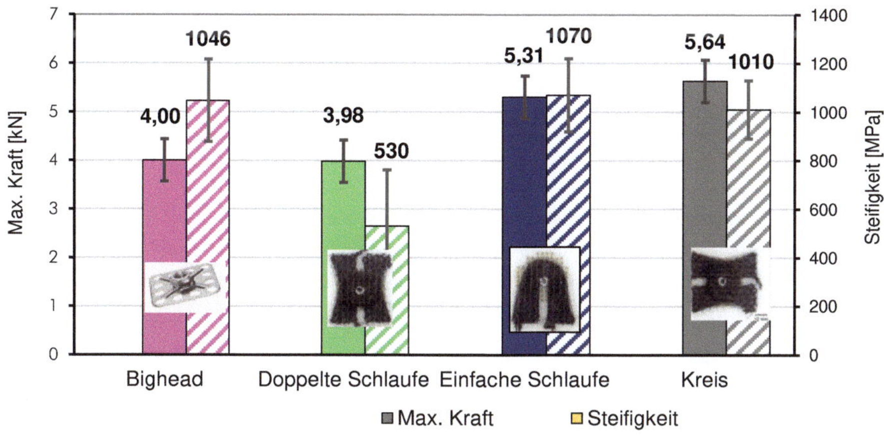

Abbildung 69: Max. Kraft und Steifigkeit im Shear-Out Versuch - Vergleich

Bezüglich der Steifigkeit unter Shear-Out Belastung weisen die Varianten „Einfache Schlaufe" und „Kreis" ebenfalls Werte auf einem ähnlichen Niveau auf, während die Variante „Doppelte Schlaufe" deutlich darunter liegt. Den statistisch signifikant höchsten Wert weisen hier die Referenzproben mit 1046 MPa auf. Dies könnte damit zusammenhängen, dass der bigHead im Shear-Out Versuch teilweise in die Sandwichoberfläche eingedrückt wird, woraus eine formschlüssige Verbindung resultiert. Dadurch wäre nicht nur die Klebeverbindung zwischen bigHead und Sandwich belastet, sondern zusätzlich lokal die obere Decklage an der Vorderkante des bigHead. Abbildung 70 zeigt einen bigHead-Probenkörper nach dem Shear-Out Versuch. Die Belastungsrichtung ist als roter Pfeil dargestellt. Ein Ablösen des bigHead hat nur im hinteren Bereich stattgefunden. Auf der Seite, in die das bigHead-Element belastet und damit geschoben wurde, ist dieses noch mit der Sandwichplatte verbunden. Dieses Versagensbild bekräftigt die Hypothese, dass die höhere Steifigkeit des bigHead aus einem Formschluss zwischen oberer Decklage und bigHead-Vorderkante resultiert.

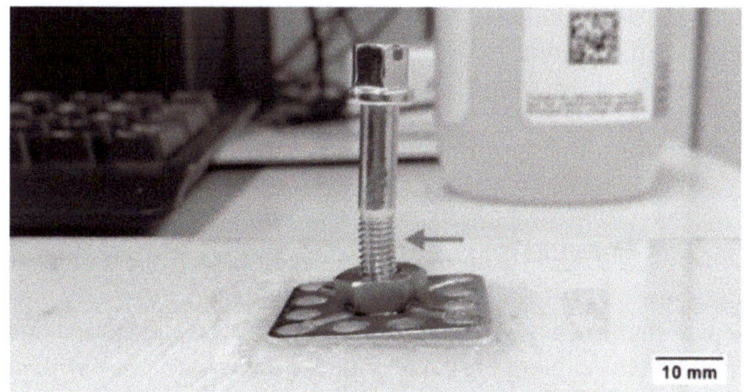

Abbildung 70: Probekörper mit bigHead nach Shear-Out Versuch

3.5.2 Laminateigenschaften: Optische Analysen

Neben der mechanischen Analyse wird zudem eine optische Analyse mittels Schliffproben und Computertomografie (CT) durchgeführt. Diese Art der Analyse wird in folgendem Unterkapitel ausführlich beschrieben.

Zu Beginn erfolgt die Analyse des Harzkanals. Während des Nähprozesses hinterlässt die Nähnadel im polymeren Schaumkern ein Durchgangsloch einschließlich der eingebrachten Oberfäden. Es ist festzustellen, dass zwischen dem entstehenden Durchmesser des Durchgangslochs im Schaumkern nach der Infusion mit Harz und dem verwendeten Nähnadeldurchmesser ein Unterschied in der Querschnittsfläche besteht. In Tabelle 16 sind Schliffbildaufnahmen vernähter Schäume inklusive der verwendeten Nadel dargestellt.

Tabelle 16: Fläche des Harzkanals von unterschiedlichen Schäumen

Schaum	EVONIK ROHACELL IG-F 31	EVONIK ROHACELL IG-F 31	ARMACELL ECO 50	ZOTEK ZOTEFOAM NB50
Schliff-bild				
Faden-anzahl	2	2	2	2
Fläche	3,08 mm²	3,66 mm²	3,70 mm²	0,74 mm²

Der Schaumkern ZOTEK ZOTEFOAM NB 50 besitzt mit 0,72 mm² den kleinstem Harzkanal aller Schaumstoffe. Aufgrund seiner elastischen Eigenschaften unterscheidet sich dieser Schaum grundlegend von den anderen drei analysierten Schäumen. Die Schaumkerne ROHACELL IG-F51 und IG-F 31 unterscheiden sich kaum in der Fläche des Harzkanals. Der Grund für den Unterschied zwischen Nähnadel- und Harzkanalquerschnitt ist, dass durch das Einstechen der Nähnadel benachbarte Zellwände im Bereich des Nähnadeldurchmessers zerstört werden. Im anschließenden Infusionsprozess kann in diese nun offenen Poren des Schaums Harz eindringen und diese füllen.

Zur Erhöhung des Nähfadenvolumengehalts innerhalb eines Durchgangslochs bzw. zur Erhöhung der Armierungswirkung wurde an bereits vernähte Stellen erneut vernäht. Mithilfe der in Tabelle 17 abgebildeten Schliffbildaufnahmen ist festzustellen, dass mit dieser Methode der Nähfadenvolumengehalt nicht proportional zur Anzahl der Einstiche gesteigert werden kann, wie dies zu erwarten wäre. Grund hierfür ist, dass der Durchmesser des Kernlochs mit zunehmender Anzahl an Einstichen und eingebrachten Nähfäden nicht konstant bleibt, da sich der Kernlochdurchmesser durch das zusätzliche Einbringen von Nähfäden um ungefähr die Fadenquerschnittfläche vergrößert

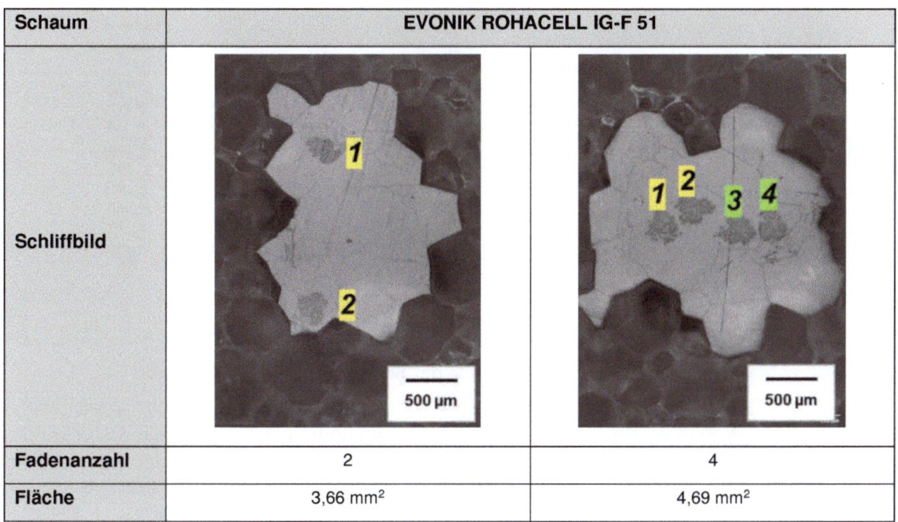

Schaum	EVONIK ROHACELL IG-F 51	
Schliffbild		
Fadenanzahl	2	4
Fläche	3,66 mm²	4,69 mm²

In Abbildung 71 ist die Verschlingung des Oberfadens mit dem Unterfaden am Beispiel des PES-Nähfadens und einem ROHACELL IG-F 51 Schaumkern als Schliffbildaufnahme dargestellt. Es zeigt sich eine gleichmäßige Verschlingung von Ober- und Unterfaden. Da der Nähfadenvorrat des Unterfadens im Vergleich zum Oberfaden deutlich geringer ist und durch eine oberseitige Verschlingung der Fadenverbrauch des Unterfadens stark ansteigt, wurde eine Verschlingung auf der Unterseite gewählt. Durch die tiefere Position der Verschlingung konnten größere Bereiche ohne Tausch des Unterfadenspule vernäht werden.

In Abbildung 71 ist zu erkennen, dass der Oberfaden seinen ursprünglichen kreisförmigen Querschnitt verliert und sich an den Unterfaden anschmiegt. Grund dafür ist, dass der Oberfaden im Nähprozess durch den Fadengeber nach oben gezogen wird. Im Bereich der Verschlingung kann der Oberfadenquerschnitt idealisiert als Ellipse beschrieben werden.

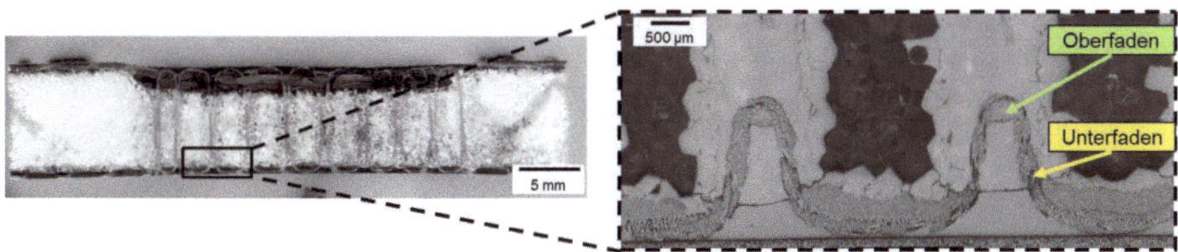

Abbildung 71: Gleichmäßige Verschlingung von Ober- und Unterfaden

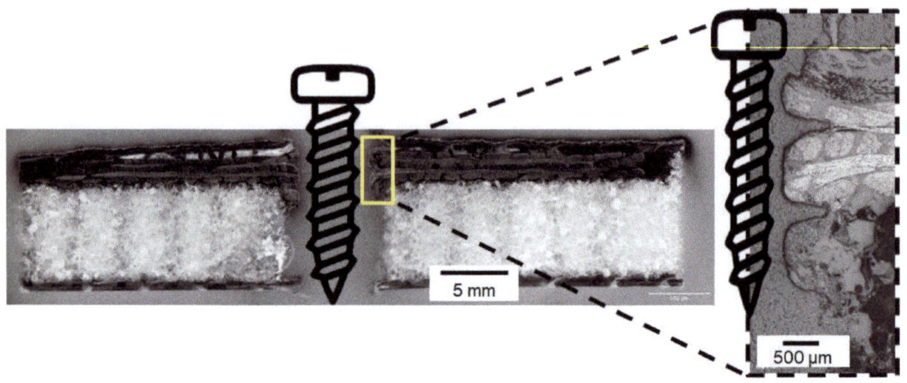

Abbildung 72: Gewindegänge der Schraube furchen in CF-Patch

Zur Untersuchung der Probenmorphologie und Charakterisierung des Versagens der untersuchten Proben wurden Aufnahmen mittels Computertomographie erstellt. Dafür wurde ein Computertomograph (CT) des Typs Phoenix v-tome-x m research edition der General Electric Company (Boston, USA) genutzt. Das CT ist in Abbildung 73 zu sehen. Die Messparameter sind in Tabelle 18 aufgeführt.

Tabelle 18: Messparameter Computertomographie

Messparameter	Wert
Röhre	180 kV
Spannung	60 kV
Leistung	6 W
Voxelgröße	67,39
Anzahl der Projektionen	1801

Zwei Proben der optimierten Variante „Kreis" wurden jeweils vor und nach der mechanischen Prüfung im Pull-Out-Versuch untersucht. Dabei wurde der Pull-Out-Versuch bei einer der Proben bereits direkt nach dem ersten Versagen abgebrochen. Die zweite Probe wurde bis zum Ende des Versuchs bei 80 % Kraftabfall belastet. Weiterhin wurde je eine Probe der optimierten Variante „Kreis" sowie der für die Shear-Out-Belastung optimierten Varianten „Doppelte Schlaufe" und „Einfache Schlaufe" untersucht. Diese Proben wurden in den jeweiligen mechanischen Versuchen bis zum Ende der Prüfung belastet.

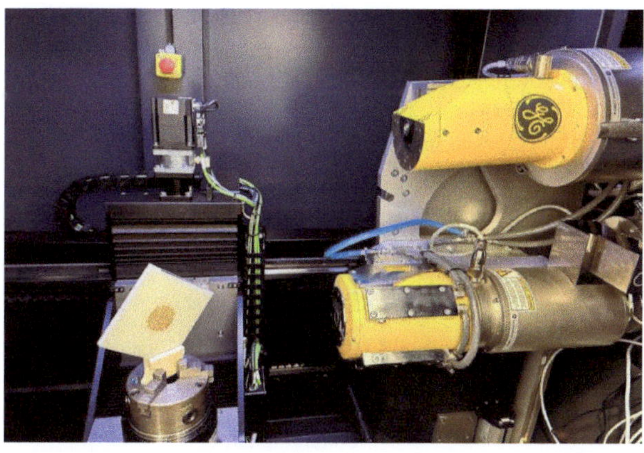

Abbildung 73: µ-CT „v|tome|x m" von GE mit Sandwichprobe

Infolge der Vernähung des GF-Geleges mit der CF-Preform und dem Kernmaterial kommt es durch das Einstechen der Nadeln und das Einbringen des Nähfadens zu einer lokalen Verdrängung des GF-Rovings im Gelege. Diese werden somit aus der reinen UD-Orientierung innerhalb der Lage gebracht. Auf der linken Seite von Abbildung 74 ist eine CT-Aufnahme eines Sandwichprobekörpers mit CF-Lasteinleitungselement dargestellt. Es ist gut zu erkennen, wie die GF-Rovings im Bereich des Lasteinleitungselements aus der UD-Orientierung gebracht wurden. Im Bauteil entsteht an dieser Stelle ein Bereich ohne Verstärkungsfasern, eine sogenannte Harztasche. In monolithischen FVK-Strukturen konnte bereits gezeigt werden, dass durch infolge einer Vernähung entstehende Harztaschen die Steifigkeit und Festigkeit der Struktur in Plattenebene sinken (Sickinger und Herrmann 2001). Der positive Effekt der Vernähung etwa auf die transversalen Eigenschaften muss für eine spätere Anwendung in einem Bauteil also gegen diese möglichen Nachteile fallspezifisch beachtet werden (Roth 2006).

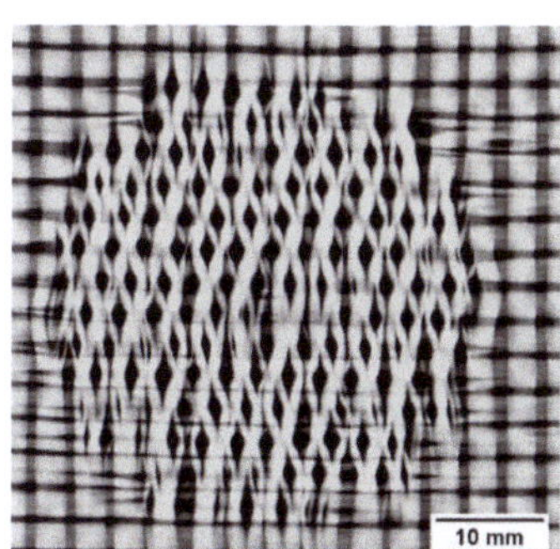

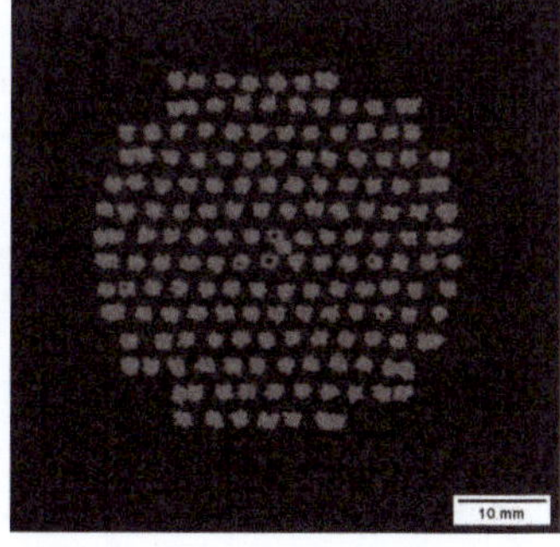

Abbildung 74: CT-Aufnahmen Links: Glasfasergelege nach Vernähung, Rechts: Harzpins (Z-Verstärkung)

Die durch die Vernähung erzeugten Z-Pins eines Probekörpers sind auf der rechten Seite von Abbildung 74 als CT-Aufnahme dargestellt. Dabei ist ersichtlich, dass die Pins keine zylinderartige Geometrie aufweisen. Dies ist auf die zellenartige Beschaffenheit des für den Kern genutzten Polymerschaums zurückzuführen. Beim Erzeugen der Pins durch das Einstechen der

Nadel werden die benachbarten Zellen teilweise zerstört, in welche das Harz beim Infiltrationsprozess dann eindringen kann. Die resultierende Harzsäule im Kern ist demnach ebenfalls unregelmäßig geformt und weist einen im Durchschnitt größeren Durchmesser als die verwendete Nadel (Durchmesser: 1,2 mm) auf (siehe Tabelle 16). In Abbildung 75 sind die resultierenden Harzsäulen in der Seitenansicht dargestellt.

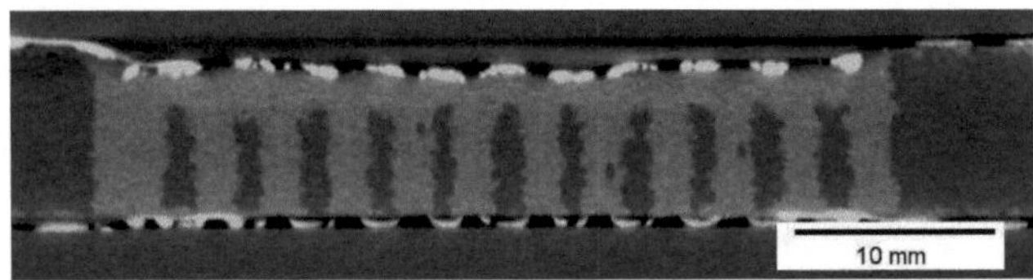

Abbildung 75: CT-Aufnahme des radialen Lasteinleitungselements für den Lastfall "Pull-Out" – Seitenansicht

Um das Versagen der CF-Lasteinleitungselemente zu charakterisieren, wurden CT-Aufnahmen der un- und vernähten TFP-Patchvarianten angefertigt. Um zu untersuchen, was beim ersten Versagen im Lasteinleitungsbereich geschieht, wurde ein Probekörper untersucht, bei dem die Prüfung direkt nach dem ersten Versagen abgebrochen wurde (Abbildung 76).

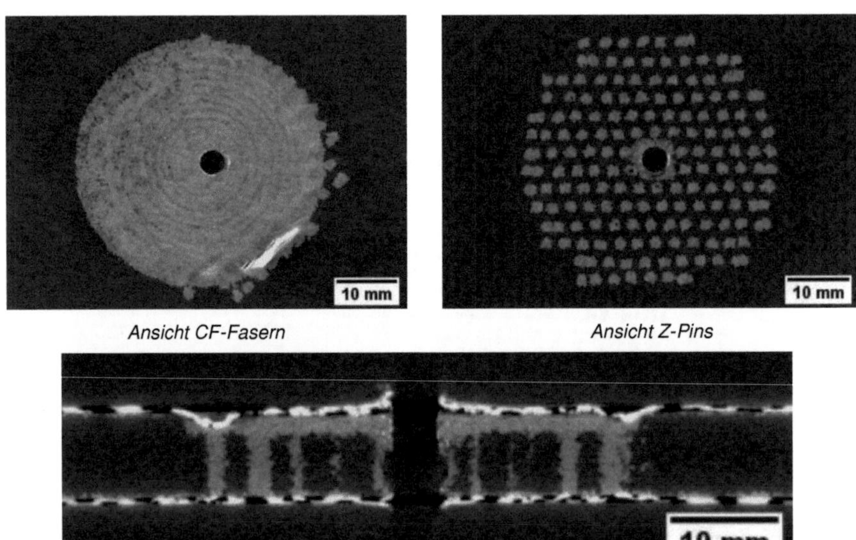

Ansicht CF-Fasern

Ansicht Z-Pins

Seitenansicht

Abbildung 76: CT-Aufnahme eines CF-Lasteinleitungselements nach Pull-Out- Belastung bis zum ersten Versagen.

Zum Vergleich wurde ein Probekörper untersucht, der bis zum kompletten Versagen getestet wurde. In Abbildung 77 sind entsprechende CT-Aufnahmen dargestellt.

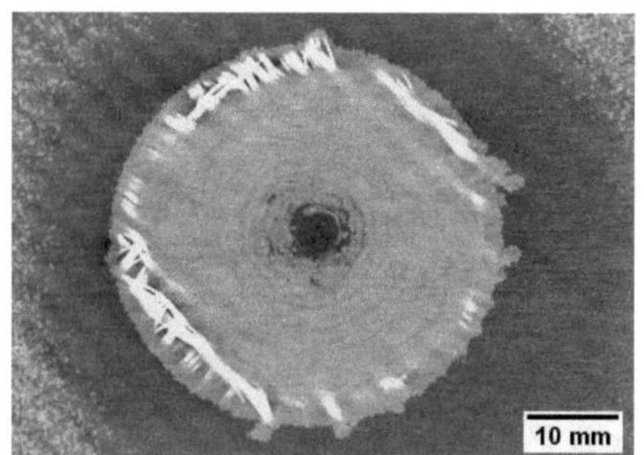

Ansicht CF-Fasern

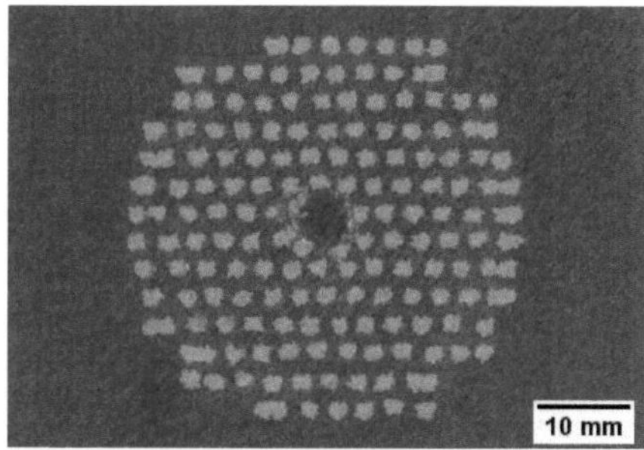

Ansicht Z-Pins

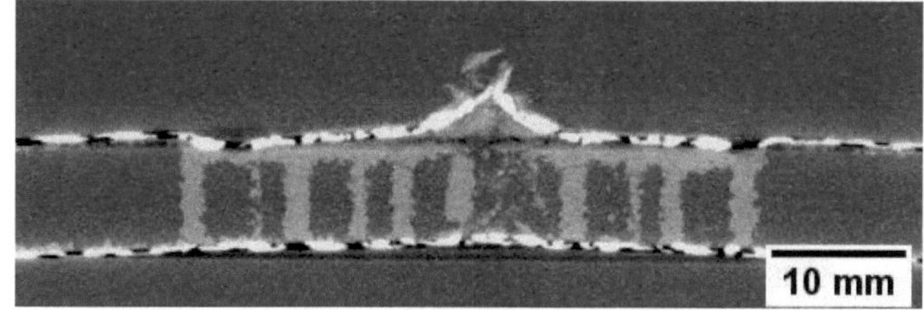

Seitenansicht

Abbildung 77: CT-Aufnahme eines CF-Lasteinleitungselements nach Pull-Out- Belastung bis zum kompletten Versagen.

Bei Betrachtung der Z-Pins beider Proben fällt auf, dass es in beiden Fällen zu einer Beschädigung gekommen ist. Diese Beschädigung ist nur an Pins zu erkennen, welche direkt in der nächsten Umgebung der Schraube liegen. Beim Vergleich der CF-Lagen (Abbildung 76 und Abbildung 77 jeweils oben links) ist zu erkennen, dass es beim Versuch, welcher bis zum kompletten Versagen durchgeführt wurde, zu einer Schädigung der Faser im direkten Umfeld der Schraube gekommen ist, während diese beim Probekörper aus dem abgebrochenen Versuch noch intakt sind. Ein deutlicher Unterschied kann ebenfalls in der Seitansicht (Abbildung 76 und Abbildung 77 unten mittig) ausgemacht werden. Beim bis zum Komplettversagen belasteten Probekörper ist eine deutliche Delamination der GF und CF im Bereich direkt um die Schraube zu erkennen. Dagegen ist beim Probekörper aus dem abgebrochenen Versuch nur eine Delamination der GF direkt um den Schraubenbereich zu erkennen, jedoch deutlich geringeren Ausmaß. Daraus kann geschlussfolgert werden, dass es beim ersten Versagen zu einem Scherversagen im Sandwichkern und einer damit verbundenen Zerstörung der Z-Pins kommt. Bei der weiteren Belastung des Lasteinleitungselements wird die Delamination der GF verstärkt und die CF-Lagen delaminieren ebenfalls. Letztendlich kommt es zu einem kompletten Versagen und dem Ausriss der Schraube aus dem Probekörper, wenn die CF um die Schraube herum komplett aus der Matrix ausgezogen und zerstört werden.

3.5.3 Laminateigenschaften: Zusammensetzung

Ziel von AP 5.3 ist die Analyse der Materialzusammensetzung. Im Detail geht es um die Bestimmung des Faservolumengehalts der Decklagen, des Faservolumengehalt der Harzkanäle sowie dem Porengehalt in den Decklagen. Die drei genannten Punkte werden im folgenden Unterkapitel genauer erläutert.

Bestimmung des Faservolumengehalts von oberer und unterer Decklage

Die Bestimmung des Faservolumengehalts (FVG) der Sandwich-Decklagen wurde in Anlehnung an DIN EN 2564 durchgeführt. Dafür wurden quadratische Proben mit einer Länge von 25 mm und einer Breite von 25 mm aus der infusionierten Sandwichplatte herausgetrennt. Die Deckschichten wurden mit einer Handsäge getrennt und der Schaumstoff mithilfe eines Beitels vorsichtig entfernt. Vor der Bestimmung der Ausgangsmasse der Proben wurden diese bei 130 °C bis zum Erreichen der Massekonstanz getrocknet. In einem Erlenmeyerkolben wurden die Proben mit ca. 50 ml 95 % konzentrierter Schwefelsäure versetzt und bis zur Rauchentwicklung erhitzt. Diese Temperatur wurde für eine Stunde aufrechterhalten. Anschließend wurden die Proben nach dem Abkühlen mit 35-prozentiger Wasserstoffperoxid-Lösung versetzt und erneut erhitzt. Nach dem Abkühlen erfolgten das Filtrieren und die Neutralisierung mit zwei Litern destilliertem Wasser. Aus Gründen des Brandschutzes erfolgte abweichend zur Norm kein Spülen mit Aceton oder Ethanol. Nach dem Trocknen der Proben für 3 Stunden bei 130 °C und Abkühlen im Exsikkator wurde die Masse des Faserrückstandes bestimmt. Über die bekannte Dichte der Matrix (ρ_{Matrix} = 1, 15 g/cm3) und der Glasfasern (ρ_{Faser} = 2,6 g/cm³) kann aus den jeweiligen Masseanteilen (ψ_{Matrix} und ψ_{Faser}) der FVG φ über Gleichung 1 bestimmt werden.

$$\varphi = \frac{1}{1 + \dfrac{\psi_{Matrix} * \rho_{Faser}}{\psi_{Faser} * \rho_{Matrix}}} * 100\% \tag{1}$$

Für die Decklagen konnte ein Fasermasseanteil von ψ = 46, 43 ±3,35 % bestimmt werden. Über die Dichte der Fasern und der Matrix kann daraus der FVG von φ = 27, 77 ±2,68 % errechnet werden. Dieser für eine im LCM-Verfahren hergestellte FVK-Struktur niedrige Wert ergibt sich aus der vergleichsweise langen Infusionszeit, die benötigt wurde, um das komplette Bauteil mit Harz zu imprägnieren. Durch die Transparenz der Glasplatte war ein Überwachen der Fließfront an der Ober- und Unterseite der Sandwich-Platte möglich. Die Harzzuleitung wurde erst zum Zeitpunkt verschlossen, als die Fließfront an beiden Seiten die dem Anguss gegenüberliegende Seite der Platte erreicht hatte, sodass eine vollständige Imprägnierung der textilen Halbzeuge der Decklagen, der Lasteinleitungselemente sowie der durch die Vernähung entstandenen, in Dickenrichtung verlaufenden Kanäle sichergestellt werden konnte. Daher musste im Vergleich zu reinen FVK viel Harz in die Kavität der Form gezogen werden, woraus der vergleichsweise geringe FVG resultiert.

Faservolumengehalt der Harzkanäle

Die Bestimmung des FVG der Harzkanäle wurde exemplarisch an einfach vernähten Sandwich Probekörper mit EVONIK ROHACELL IG-F 51 Schaumkern über optische Auswertung von Schliffbildaufnahmen erstellt. Hierzu wurden an fünf unterschiedlichen Stellen einer hergestellten Sandwichplatte Proben entnommen, Schliffe präpariert und Schliffbilder erstellt. In Abbildung 78 ist das Schliffbild der Harzquerschnittsfläche einer Position dargestellt. Zusätzlich wurde in der Abbildung die Position der Nähfäden eingezeichnet.

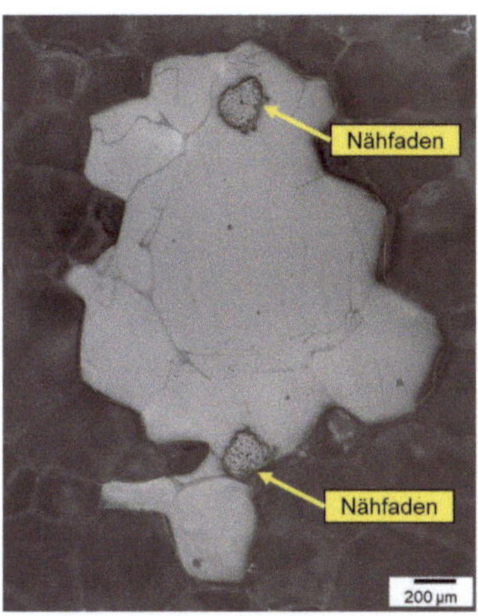

Abbildung 78:Querschnitt des Harzkanals des einfach vernähten EVONIK ROHACELL IG-F 51 Sandwiches

Durch optische Auswertung wurde ein Faservolumengehalt von 2,97 ± 0,23 % für einfach vernähte ROHACELL IG-F 51 Schäume mit PES-Nähfaden ermittelt. Der niedrige Faservolumengehalt des Harzkanals ist auf dem Nähprozess zurückzuführen. Beim Erzeugen der Pins durch das Einstechen der Nadel werden die benachbarten Zellen teilweise zerstört, in welche das Harz beim Infiltrationsprozess eindringen kann.

Bestimmung des Porengehalts über Schliffbildaufnahmen

Die Bestimmung des Porengehalts der Patches erfolgte über eine optische Analyse von drei Schliffbildaufnahmen. Hierzu wurde ein Schwarz-Weiß-Abgleich der Aufnahmen durchgeführt, wie exemplarisch in Abbildung 79 zu sehen ist.

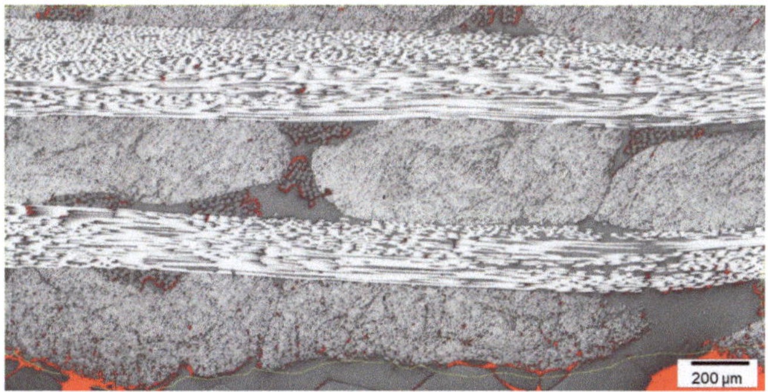

Abbildung 79: Optische Analyse des Porengehalts eines infusionierten TFP-Patches

Aus der optischen Analyse ergab sich ein Porengehalt von 1,13± 0,08 % für die drei untersuchten Positionen des CF-Patches. Der niedrige Porengehalt des Patches lässt sich durch die lange Infusionszeit, die bereits bei der Bestimmung des Faservolumengehalts angesprochen wurde.

3.5.4 Auswertung und Bewertung der Prüfergebnisse

Das in dieser Arbeit entwickelte Lasteinleitungskonzept lässt sich nach Roth (Roth 2006) in die Kategorie der eingebrachten, die Kernschicht substituierenden Krafteinleitungen einordnen. Dabei wurde eine zusätzliche Verstärkung des Lasteinleitungsbereichs durch eine lokale, die Sandwichstruktur in Dickenrichtung durchdringende Armierung umgesetzt. Die Armierung wurde fertigungstechnisch über die Vernähung der CF-Preform aus dem TFP-Verfahren mit den textilen Halbzeugen der Decklagen und dem Sandwichkern realisiert. Außerdem wurde untersucht, ob durch die reine flächige Vernähung der Sandwichkomponenten eine Steigerung der mechanischen Belastbarkeit des Lasteinleitungsbereichs erreicht werden kann. Dieses Konzept lässt sich ebenfalls in die Kategorie der eingebrachten, die Kernschicht substituierenden Krafteinleitungen einordnen. Abschließend wurden mit den bigHead konventionelle Lasteinleitungselemente als Referenzproben geprüft, welche in die Kategorie der aufgebrachten Inserts (Onserts) fallen.

In den durchgeführten Versuchen konnte gezeigt werden, dass die CF-Lasteinleitungselemente mindestens eine vergleichbare oder höhere mechanische Belastbarkeit wie die Referenzproben aufweisen. Insbesondere bei Betrachtung der dichtespezifischen Ergebnisse zeigt sich, dass das entwickelte Lasteinleitungskonzept im Vergleich zu den konventionellen Lasteinleitungselementen bei geringerer Dichte und Masse ähnliche oder bessere mechanische Kennwerte aufweist. Dabei konnte eine Verringerung des Gewichts um 13,81 g (Mittelwert) je Lasteinleitungspunkt erzielt werden. Insbesondere Strukturen mit vielen Lasteinleitungspunkten könnten also mit einem signifikant geringeren Gewicht realisiert werden.

Eine weitere Größe, die zum Vergleich von Lasteinleitungskonzepten aus den Kraft-Weg- Kurven entnommen werden kann, stellt die Bruchenergie dar. Dieser Parameter beschreibt die Energiemenge, welche nötig ist, um ein Totalversagen der Krafteinleitung zu bewirken (Roth 2006). Die Bruchenergie in kJ wird über die Fläche A unter der Kraft-Weg- Kurve beschrieben.

Beim Vergleich der Bruchenergie von CF-Lasteinleitungselementen zu den bigHead-Referenzproben werden deren Vorteile nochmal verdeutlicht. So ist beim Pull-Out Versuch eine um 452,81 % höhere Energiemenge erforderlich, um ein komplettes Versagen der Lasteinleitungsstruktur zu erreichen. Im Shear-Out Versuch ist eine um 283,13 % höhere Energiemenge im Vergleich zur bigHead Referenz erforderlich.

Ein Vergleich der Ergebnisse der mechanischen Prüfungen mit Werten aus anderen Studien bzw. der Literatur stellt sich als schwierig dar, da neben der Wahl des Lasteinleitungskonzeptes auch das Material der Sandwich-Komponenten und deren mechanische Eigenschaften einen signifikanten Einfluss auf die mechanische Belastbarkeit von Lasteinleitungsbereichen von FVK-Sandwichstrukturen haben (ECSS 2011). In Schwennen et al. (2016) bspw. wurden Werte von 3,5 kN bis 8 kN für die Kraft am ersten Versagen und bis zu 15,8 kN als Maximalkraft gemessen. Dabei wurden die Sandwich-Probenkörper mit Deckschichten aus je acht UD-CF-Lagen hergestellt, was zu einer Dicke von 2,7 mm je Decklage und einem FVG von 51 % führte. Die deutlich größere Steifigkeit der verwendeten Sandwich-Decklagen führt folglich auch zu höheren mechanischen Kennwerten in den Pull-Out-Versuchen. Hinzu kommt, dass keine einheitlichen Normen oder Standards für die mechanische Charakterisierung von Lasteinleitungsbereichen existieren, sodass die Versuche in verschiedenen Studien zwar grundlegend ähnlich, häufig aber mit leicht abgeänderten Randbedingungen durchgeführt werden. Als Beispiel kann hier etwa die kreisförmige Öffnung der unteren Halterung im Pull-Out Versuch genannt werden, für die bei verschieden Studien unterschiedliche Durchmesser gewählt wurden (bspw. 125 mm bei

Schwennen 2016 bzw. 80 mm bei Seemann und Krause 2018). Inwiefern verschiedene Durchmesser in Verbindung mit verschiedenen Probekörper-Dimensionen dabei Einfluss auf die mechanischen Kennwerte des Versuchs haben, wurde noch nicht untersucht. In der vorliegenden Arbeit wurde sich bzgl. des Durchmessers (70 mm) an ECSS (2011) orientiert.

In Roth (2006) wurden Aluminium-Lasteinleitungselemente und der Einfluss der Vernähung der Elemente mit den Sandwich-Komponenten auf die mechanische Belastbarkeit untersucht. Als Sandwich-Komponenten wurde ebenfalls ein bidirektionales GF-Gelege und Epoxidharz für die Decklagen sowie ein geschlossenzelliger Polymerschaumstoff für den Kern verwendet. Als Ausgangsprobe wurden wie in der vorliegenden Arbeit aufgeklebte Onserts getestet, wobei eine Maximalkraft von 1,3 kN und eine Steifigkeit von 0,58 kN/mm gemessen wurde. Damit liegen die Werte unter den in der vorliegenden Studie gemessenen Werten von 1,73 kN und 1,07 kN/mm. Auch die Bruchenergie liegt mit 2,0 kJ unter dem in der vorliegenden Studie gemessenen Wert von 4,08 kJ. Als Gründe können hier die kleinere Grundfläche der in Roth (2006) verwendeten Elemente sowie leicht abgeänderte Randbedingungen im Pull-Out Versuch genannt werden. In der Kategorie der eingebrachten, die Kernschicht substituierenden Krafteinleitungen konnte in der Studie von Roth (2006) insgesamt eine größere Steigerung der mechanischen Kennwerte der Lasteinleitungselemente erzielt werden. So wurden bei der jeweils besten Variante etwa eine Bruchenergie von 36,2 kJ, eine Kraft am ersten Versagen von 4,0 kN und eine Maximalkraft von 5,4 kN gemessen. Bei der Steifigkeit dagegen weisen die Varianten des CF-Lasteinleitungskonzepts der vorliegenden Studie größere Werte auf (maximale Steifigkeit in Roth (2006): 0,66 kN/mm). Da das Gewicht oder die Dichte der in Roth (2006) untersuchten Lasteinleitungselemente bzw. Probekörper nicht angegeben ist, kann ein abschließender Vergleich der Lasteinleitungskonzepte unter Leichtbaugesichtspunkten nicht vorgenommen werden.

3.6 Ergebnisverwertung (HAP 6)

Das sechste Hauptarbeitspaket diente der Verwertung der erzielten Projektergebnisse. Zudem wurde der Transfer in die industrielle Anwendung vorbereitet.

3.6.1 Aufbau einer Demonstratorstruktur

Die gewonnenen Erkenntnisse und erzielten Ergebnisse der vorherigen fünf Hauptarbeitspakete wurden im Aufbau einer Demonstratorstruktur genutzt. In HAP 1 (siehe Kapitel 3.1.1) wurden bereits die Anforderungen an die Demonstratorstruktur definiert. Zusätzlich wurde in HAP 2 die Lasteinleitung in Sandwichstrukturen betrachtet und je nach Belastungsart lastangepasste Patches designt. Der Aufbau der Demonstratorstruktur mit den entsprechenden Funktionselementen und Patchgeometrie ist in Abbildung 80 dargestellt.

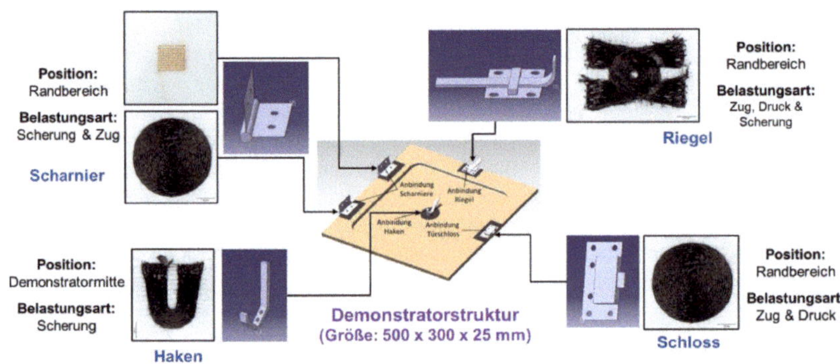

Abbildung 80: Aufbau der Demonstratorstruktur

Wie bereits in Kapitel 3.2.2 angesprochen, konnten mit der vorhandenen TFP-Anlage Schäume bis zu einer maximalen Dicke von 8 mm nähtechnisch verarbeitet werden. Um eine ca. 26 mm dicke Sandwichstruktur herstellen zu können, mussten drei Schaumkerne übereinandergestapelt werden. In Abbildung 81 ist schematisch der Aufbau der Demonstratorstruktur in der Seitenansicht dargestellt. Die Integration von Lasteinleitungselementen und deren Vernähung mit dem Kern wurde bei oberen und unterem Schaumkern

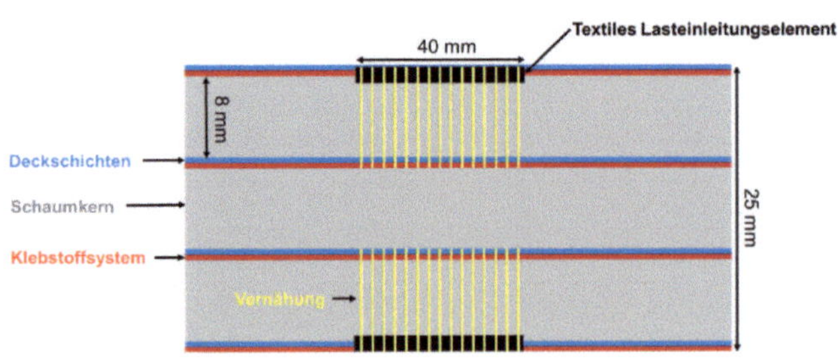

Abbildung 81: Schematischer Aufbau der Demonstratorstruktur – Seitenansicht

Zu Beginn wurden die drei Schaumkerne (Dicke: 8 mm) vom Typ EVONIK ROHACELL IG-F 51 auf eine Länge von 500 mm und eine Breite von 300 mm zugeschnitten. Die für die TFP-Patches benötigten Schäftungen wurden mittels CNC-Fräse (siehe Abbildung 24) in den oberen und unteren Schaumkern eingefügt. Anschließend konnten die parallel hergestellten TFP-Patches in die Schäftungen platziert und flächig mit einem PES-Nähfaden und 3 mm Stichabstand vernäht werden. Als Decklagen wurden die in Tabelle 2 aufgelistete GF-Gelege verwendet. In Abbildung 82 ist der obere Schaumkern während der Vernähung der Patches dargestellt.

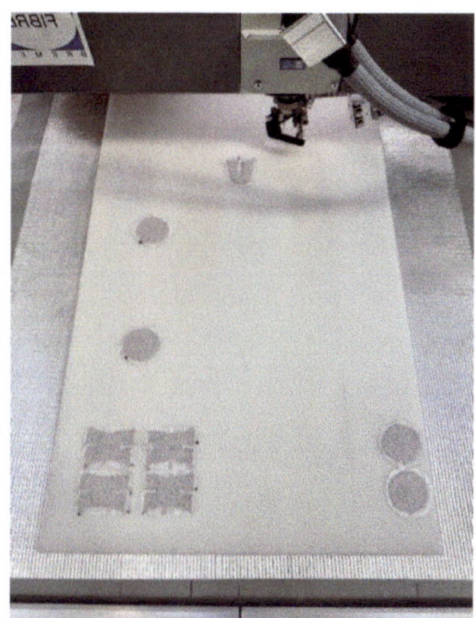
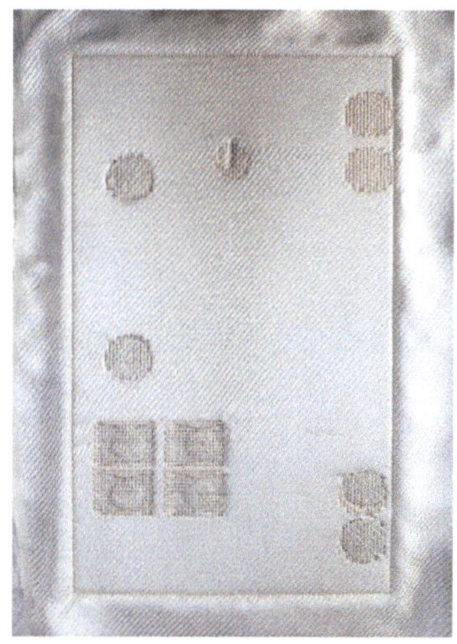

Abbildung 82: Oberer Schaumkern vor- (links) und nach (rechts) Vernähung

Nach der Vernähung wurde zwischen oberen und unteren Schaumkern ein zusätzlicher Schaumkern platziert, um auf die gewünschte Dicke von 26 mm zu kommen. Im Anschluss erfolgte die Infusionierung mit Matrix. In Abbildung 83 ist der Demonstrator vor- (links) und nach (rechts) der Infusionierung dargestellt.

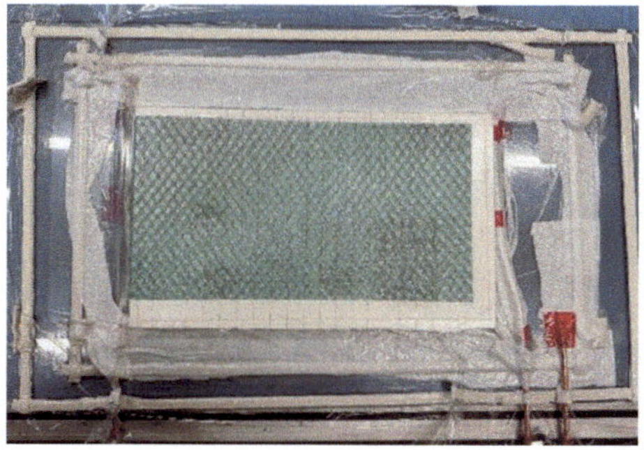
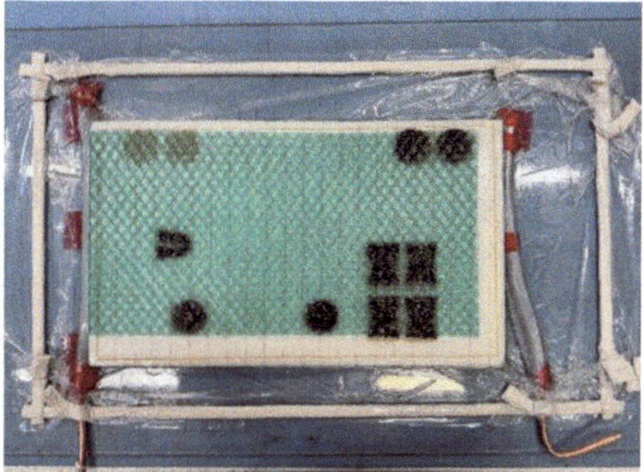

Abbildung 83: Demonstrator vor- (links) und nach (rechts) der Infusionierung

Aufgrund der Größe des Demonstrators mussten Anpassungen bei der Fließhilfe vorgenommen werden, um ein zügiges und gleichmäßiges Infusionsverhalten sicherzustellen. In Abbildung 84 ist der Demonstrator nach der Entformung dargestellt.

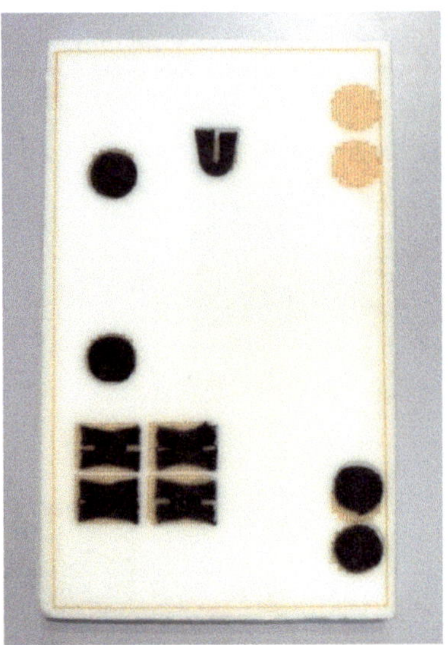

Abbildung 84: Demonstrator nach der Entformung

Die Herstellung der Funktionselemente erfolgte mittels 3D-Druck. Mittels 3D-Druck lassen sich passgenau Funktionselemente herstellen. Zudem lassen sich Anpassungen schnell umsetzen. Für den Druck wurde ein Prusa i3 MK3 von Prusa Research a.s. (Prag, Tschechien) und PLA-Filament von Janbex GmbH (Bremen, DE) verwendet. Auf der linken Seite von Abbildung 85 ist der verwendete 3D-Drucker abgebildet. Auf der rechten Seite sind die im 3D-Druck hergestellten Funktionselemente dargestellt.

Abbildung 85: Herstellung der Funktionselemente im 3D-Druck Verfahren (Material: PLA)

Die im 3D-Druck hergestellten Funktionselemente wurden anschließend mit den bereits im Pull-Out und Shear-Out verwendeten gewindefurchenden Schrauben an den vorgebohrten Demonstrator angebracht. Zusätzlich wurde ein Rahmen aus Aluminiumprofilen und Verbindungselementen zusammengebaut um den LaVeSa Demonstrator ausstellen zu können. In Abbildung 86 ist der fertige Demonstrator abgebildet.

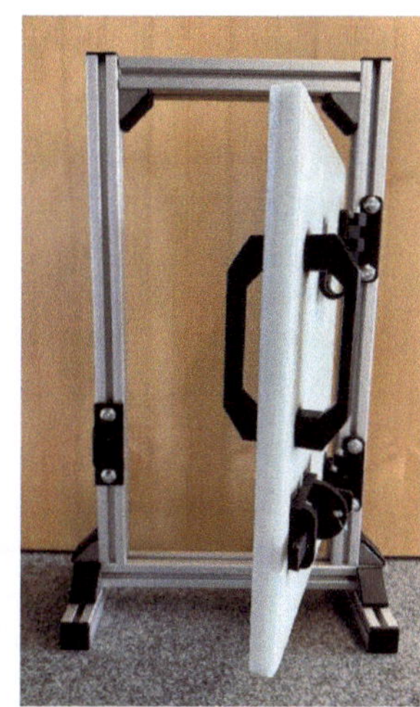

Abbildung 86: LaVeSa Demonstrator

Bereits während und vor allem nach Projektabschluss wird der Demonstrator am Faserinstitut sowie auf Messen und Konferenzen ausgestellt.

3.6.2 Ableitung von Konstruktions- und Fertigungsrichtlinien

Aus den ermittelten Eigenschaften der hergestellten Probekörper sowie der Beobachtungen hinsichtlich des Verarbeitungsverhaltens erfolgte die Ableitung von Konstruktions- und Fertigungsrichtlinien. Innerhalb dieser Richtlinien werden Interaktionen und Abhängigkeiten der einzelnen Parameter untereinander, wie etwa die mechanische Belastbarkeit in z-Richtung berücksichtigt.

Konstruktionsrichtlinien

Auf Grundlage der erzielten Ergebnisse für vernähte und unvernähte textile Krafteinleitungselemente unter Pull-Out und Shear-Out Beanspruchung werden nachfolgend allgemeine Konstruktionsrichtlinien aufgestellt.

Bei der Konstruktion der textilen Krafteinleitungselemente sollten Patches mit einer Lagenanzahl von sechs Lagen verwendet werden. Die Größe der Patches sollte nicht größer als 40 mm sein. Größere (60 x 60 mm) und mehrlagige (z.B. acht Lagen) Patches zeigten in Vorversuchen gleich oder niedrigere mechanische Kennwerte als Patches mit sechs Lagen und einem Durchmesser von 40 mm. Bei allen textilen Krafteinleitungselementen empfiehlt sich ein flächiges Vernähen mit einem Stichabstand von 3 mm durch alle Sandwichkomponenten. In den Versuchen konnten höhere mechanische Kennwerte aufgrund der Vernähung erzielt werden. Darüber hinaus bietet sich eine kraftflussgerechte Einbringung der Nähfaden in Hauptnormalspannungsrichtung an, etwa die Orientierung unter 45° zur Z-Achse für die Querkraftbeanspruchung des Kerns infolge senkrechter Zugbelastung. Ferner muss auf eine ausreichend hohe Armierungsdichte geachtet werden, um die im späteren Betrieb auftretenden Belastungen ohne Bruchversagen der Lasteinleitungsstelle einleiten zu können. In den Versuchen zeigte sich, dass für das flächige Vernähen ein Stichabstand nicht kleiner als 5 mm gewählt werden sollte. Sehr kleine Stichabstände (unter 5 mm) führen zu einer erheblichen Gewichtszunahme. Bei der Konstruktion von Sandwichbauteilen sollte zudem im Randbereich eine Vernähung durchgeführt werden. Es zeigte sich, dass diese Vernähung als Rissstopper wirkt und so die Neigung zur Delamination der Deckschichten deutlich reduziert.

Für die Kantenumformung von Sandwichbauteilen und als Stickgrund zur Ablage der textilen Lasteinleitungselemente ist die Verwendung von groben Gelegen ungeeignet. In den Versuchen zeigte sich eine schlechte Drapierbarkeit des Geleges sowie starke Faserverschiebungen.

Fertigungsrichtlinien

Nach den Konstruktionsrichtlinien werden nachfolgend die Fertigungsrichtlinien im Hinblick auf werkstoff-, fertigungs- und beanspruchungsspezifischen Gesichtspunkten aufgestellt.

Die mechanischen Eigenschaften von vernähten textilen Lasteinleitungselementen werden stark von den eingebrachten Nähfäden beeinflusst. Im Durchgangsloch des Kernmaterials sollte stets ein ausreichend hoher Nähfadenvolumengehalt der Armierung angestrebt werden. Durch einen hohen Harzanteil im Durchgangsloch des Kerns wird das Gewicht der Sandwichbauteils negativ beeinflusst. Der Nähfadenvolumengehalt wird durch Durchmesser und Art der Nähnadel, Porendurchmesser des polymeren Hartschaumstoffs, Einstichhäufigkeit und Positioniergenauigkeit sowie Stichtyp der Nähmaschine bzw. TFP-Anlage beeinflusst: Der Faservolumengehalt des Harzkanals hängt umgekehrt proportional vom Quadrat des Nähnadeldurchmessers ab. Aus diesem Grund sollte der Nähnadeldurchmesser unter Berücksichtigung der fertigungs- und beanspruchungsspezifischen Anforderungen stets so klein wie unbedingt erforderlich gewählt werden. Durch die Verwendung dünnerer Nadeln werden die In-Plane-Eigenschaften der Deckschichtlaminate weniger beeinträchtigt. Beim Einstechen der Nähnadel in den Kern werden im Schaumkern die Zellwände benachbarter Poren im Bereich des Nähnadeldurchmessers verletzt, sodass im Infiltrationsprozess Matrix durch die offenen Zellwände in die Poren eindringen kann, wodurch das Gewicht der Sandwich-Struktur und der Nähfadenvolumengehalt negativ beeinflusst werden. Sofern es die Bauteilanforderungen erlauben, sind aus diesem Grund polymere Hartschaumstoffe mit geringem Porendurchmesser bevorzugt einzusetzen. Beim Einstechen der Nähnadel und dem anschließenden Herausziehen sorgt der elastische Anteil des Hartschaumstoffs dafür, dass der Durchmesser des Durchgangslochs im Kern stets kleiner ist als der der Nähnadel. Dieser Effekt ist jedoch sehr gering, sodass die Auswahl des Kernwerkstoffs unter dem Gesichtspunkt des elastischen Werkstoffverhaltens als nicht sinnvoll erscheint. Zur Erzielung einer geforderten Armierung der Krafteinleitungsstelle ist es aus wirtschaftlichen Gründen sinnvoll, einen Nähfaden mit hoher Feinheit und geringer Anzahl an Einstichen anstatt eines Nähfadens mit geringer Feinheit und hoher Einstichhäufigkeit zu verwenden. Aufgrund der Spannungskonzentrationen im Scheitelpunkt des Nähfadens eignen sich isotrope Nähfadenmaterialien hierfür ganz besonders. Im Rahmen des Projekts wurden in Vorversuchen verschiedene Nähfadenmaterialien in Bezug auf die Bruchkraft bei Zugbeanspruchung senkrecht zur Krafteinleitungsstelle betrachtet. Hier zeigte sich, dass zur strukturellen Verstärkung ein hochfester Polyester-Nähfaden zu bevorzugen ist. Um Hartschaumstoffe höherer Dichte (> 70 kg/m^3) und somit höherer Druckfestigkeit verwenden zu können, ohne dass Nadelbruch mit einhergehender diskontinuierlicher Nahtbildung erfolgt, können die Durchgangslöcher im Kern vor dem Vernähen mithilfe eines spitzen Metallstifts hoher Festigkeit sowie Steifigkeit eingebracht werden. Im anschließenden Nähprozess sticht die Nadel mit annährend gleichem Schaftdurchmesser wie der Stift in das bereits vorhandene Durchgangsloch ein, wodurch die Belastung der Nähnadel beim Einstechen reduziert und das Gefahr eines Nadelbruchs reduziert werden kann.

Die aufgelisteten Richtlinien wurden den Mitgliedern des PbA sowie an interessierte Unternehmen weitergegeben, um den Industrietransfer zu vollziehen. Somit kann das entwickelte Krafteinleitungskonzept schnell und einfach auf bereits vorhandene und neue Strukturbauteile aus Faser-Kunststoff-Verbund in Sandwich-Bauweise angewendet werden.

3.6.3 Bewertung der Projektergebnisse

Im Rahmen von AP 6.3 erfolgt die Bewertung der Projektergebnisse mit den in HAP 1 festgelegten Zielvorgaben. Bei den Zielen wird dabei zwischen wissenschaftlich-technischen und wirtschaftlichen Zielen unterschieden. Nachfolgend sind die angesprochenen Ziele aufgelistet:

Wissenschaftlich-technische Ziele:

- Textiltechnische Umsetzung von individualisierten und verstärkten Sandwiches

  → Ziel erreicht

- Untersuchung des Infusionsverhaltens in Abhängigkeit der eingesetzten Materialien und der gewählten textilen Parameter

  → Ziel erreicht

- Darstellung des Zusammenhangs zwischen Verstärkungsstrukturen, Verarbeitungsparametern und Materialeigenschaften

  → Ziel erreicht

- Ableitung von Konstruktionsrichtlinien für die Herstellung lokal lastgerecht verstärkter Sandwichbauteile

  → Ziel erreicht

- Verbesserung der charakteristischen mechanischen Eigenschaften von Faserverbundsandwichstrukturen

  → Ziel erreicht

- Reduzierung der Rissausbreitung und Verbesserung der Fail-Safe Eigenschaften

  → Ziel erreicht

Wirtschaftliche Ziele:

- Reduzierung der manuellen Schritte in der Herstellung sowie zur Integration von Lasteinleitungselementen

  → Ziel erreicht

- Verlagerung der Wertschöpfungskette vom Bauteil-Entstehungsprozess hin zum textilen Halbzeug

  → Ziel erreicht

- Steigerung des Marktanteils von Firmen der Textilindustrie

  → Ziel kann erst nach Projektende erreicht werden

- Steigerung des Marktanteils von Anwendern durch das Alleinstellungsmerkmal der Verwendung von individualisierten Sandwichstrukturen

  → Ziel kann erst nach Projektende erreicht werden

3.6.4 Wirtschaftlichkeitsbetrachtung

Im Rahmen einer vereinfachten Wirtschaftlichkeitsbetrachtung wurden die Zeiten zur Herstellung lastgerecht verstärkten Sandwichstrukturen im neu entwickelten Verfahren mit den Zeiten des konventionellen Verfahrens verglichen. Als konventionelles Verfahren wird die Integration von Inserts mittels Schäftens und Einkleben durch Potting-Masse für den Vergleich herangezogen. In Tabelle 19 sind die Zeiten je Fertigungsschritt für die beiden Verfahren aufgelistet.

Tabelle 19: Wirtschaftlichkeitsbetrachtung von "Potted Insert" und "LaVeSa"

#	Fertigungsschritte „Potted Inserts"	Zeit	Fertigungsschritte „LaVeSa"	Zeit
1	Zuschnitt Komponenten (Wabenkern und Decklagen)	10 min.	Zuschnitt Komponenten (Schaumkern und Decklagen)	5 min.
2	Lagenaufbau (ggf. Einbringung von Kernfüllmasse oder Hartgewebe an Insert Positionen)	20 min.	CNC-Fräsen des Schaumkerns	5 min.
3	Vorbereitung und Härtung im Autoklav	2,5 h	Sticken und Stanzen der TFP Patches	20 min.
4	Entformen und Prüfen	10 min.	Vernähen Decklagen (Lagenaufbau)	10 min.
5	Bohren oder Fräsen der Bohrungen (CNC/Manuell)	5 min.	Vakuuminfusion + Aushärten im Ofen	3 h
6	Nacharbeit der Bohrungen (Trimming)	5 min.	Entformen und Prüfen	10 min.
7	Vorbereiten und Positionierung der Inserts in Bohrungen	10 min.	Nacharbeit	5 min.

8	Injektion des Klebstoffs	10 min.	Fügen durch Direktverschraubung	10 min.
9	Aushärten des Klebstoffs	2 bis 24 h		
10	Entfernen der Tabs	5 min.		
11	Nacharbeit im Insertbereich (Finishing)	10 min.		
	GESAMT:	**> 6,5 h**	**GESAMT:**	**< 4 h**

Beim Vergleich der beiden Fertigungsverfahren schneidet das entwickelte „LaVeSa" Verfahren mit unter vier Stunden im Vergleich zu über 6,5 Stunden besser ab. Vor allem das Aushärten des Klebstoffs (Potting-Masse) führt beim konventionellen Prozess zu deutlich längerer Fertigungsdauer. Je nach Klebstoffsystem dauert der Aushärteprozess zwischen 2 und über 24 Stunden. In dieser Zeit muss das Sandwichbauteil in einem klimatisierten Raum aushärten, was zusätzliche Kosten verursacht. Beim LaVeSa Prozess entfällt dieser Schritt vollkommen, da das Fügen durch Direktverschraubung gelöst wird

3.6.5 Vorbereitung Industrietransfer und Empfehlungen für Weiterentwicklungen

Die bisherigen Ergebnisse geben einen Überblick über die Möglichkeit zur Herstellung von lastgerecht verstärkten Sandwichstrukturen im Infusionsverfahren sowie die Zusammenhänge zwischen den Fertigungsparametern und den Laminateigenschaften wieder.

Während des Projektes und nach Projektende wurden die erzielten Projektergebnisse aufbereitet und an die Unternehmen des PbA sowie interessierten Unternehmen weitergeleitet.

Zudem wurden die Projektergebnisse durch Veröffentlichungen der interessierten Öffentlichkeit zugänglich gemacht. Es wurde das zukünftige industrielle Potential der entwickelten Fertigungsweise ermittelt, aufgezeigt und Empfehlungen für zukünftige Weiterentwicklungen erarbeitet. Die Projektergebnisse bilden die Grundlage für mögliche Folgeprojekt.

4. Bedeutung / Nutzen des Forschungsthemas, für kleine und mittlere Unternehmen

Die Projektergebnisse sind durch Veröffentlichung des Abschlussberichts der interessierten Öffentlichkeit zugänglich. Dadurch werden kleine und mittlere Unternehmen (KMU) ertüchtigt, die dargestellten Herstellungsprozesse in die industrielle Anwendung zu überführen oder die Ergebnisse als Grundlage für eigene Entwicklungen zu nutzen.

4.1 Wissenschaftlich–technischer Nutzen

Im Rahmen des Projekts wurde eine Möglichkeit zur Fertigung von lastgerecht verstärkten Sandwichstrukturen im Infusionsverfahren mit vernähten Lasteinleitungselementen entwickelt. Dazu werden Verstärkungsfasern lastoptimiert auf der Decklage abgelegt. Anschließend werden die abgelegten Patches in passgenau Schäftungen platziert und vernäht. Im Rahmen des Nähprozesses werden Perforationen in den geschlossen porigen Schaum eingebracht, diese Perforationen ermöglichen gleichzeitig die Durchtränkung des Sandwichkerns im Infusionsverfahren.

Die Vernähung der Lasteinleitungselemente sowie der Decklagen mit dem Schaumkern wurde untersucht. Die hergestellten Patches sind einfach zu handhaben und können ähnlich einem rein textilen Preform in einen Vakuuminfusionsaufbau integriert werden. Im Rahmen des Projekts wurde das Infusionsverhalten und die mechanischen Eigenschaften der textilen Lasteinleitungselemente analysiert.

Zudem erfolgten die Untersuchung und Bewertung der erreichbaren Material- und Fertigungsqualitäten durch die Anwendung verschiedener zerstörender und zerstörungsfreier Prüfmethoden. Die Einflüsse der verwendeten Nähparameter Stichabstand und Fadenanzahl sowie des Lagenaufbaus auf den nachfolgenden Prozessschritt und die Laminateigenschaften wurden charakterisiert. Es konnte gezeigt werden, dass die Durchtränkung des Halbzeugs durch eine hohe Armierungsdichte vereinfacht und beschleunigt werden konnte. Zudem wurden die Anbindung zwischen den Decklagen und Schaumkern verstärkt und die für Sandwichbauteile kritische Neigung zur Delamination der Decklagen durch das flächige Vernähen deutlich reduziert.

Durch die Integration der faserverstärkten Lasteinleitungselemente konnten bessere mechanischen Eigenschaften im Vergleich zu aufgeklebten Onserts erzielt werden.

4.2 Wirtschaftlicher Nutzen insbesondere für kleine und mittlere Unternehmen

Die Veröffentlichung der Projektergebnisse trägt dazu bei, dass interessierte Unternehmen an den gewonnenen Erkenntnissen teilhaben und die beschriebenen Herstellungsprozesse übernehmen können. Die Ergebnisse dienen zudem als Grundlage für weitere, eigene Entwicklungen der Unternehmen. Aufgrund der gewählten Herstellungsschritte eignet sich die entwickelte Art der Lasteinleitung in Sandwichstrukturen auch für die Umsetzung durch KMU.

Die Herstellung von Lasteinleitungselementen im textilen Prozess führt zu einer Verschiebung der Wertschöpfung von der Bauteil- zur Materialherstellung. Viele der Unternehmen, die technische Textilen in Deutschland herstellen, sind den KMU zuzuordnen. Die Unternehmen können die im textilen Prozess hergestellten Patches in ihr Portfolio aufnehmen und dadurch neue Abnehmer gewinnen.

Die Bereitstellung von Wissen über die Herstellung der textilen Lasteinleitungselemente führt dementsprechend zu einer Stärkung der deutschen Textilindustrie, insbesondere der kleinen und mittelständischen Unternehmen.

Bei der Herstellung von lastgerecht verstärkten Sandwichstrukturen im Infusionsverfahren wird auf den Einsatz eines Autoklavs sowie den Einsatz von gekühlt zu lagernden Prepreg-Materialien verzichtet. Dadurch eignet sich dieses Verfahren auch zur Umsetzung von KMU, da auf große Investitionen in entsprechende Anlagen sowie deren energieintensiven Betrieb verzichtet wird. Durch die Reduzierung der Herstellungskosten werden die möglichen Anwendungsfelder auf kostensensitive Bereiche erweitert. Die Sandwichstrukturen können im Innenraum von Camping bzw. Reisemobilien sowie im Interieur Bereich von Flugzeugen eingesetzt werden. Die Zusammensetzung der Materialien sowie die Fertigungsparameter können an den spezifischen Anwendungsfall angepasst werden. Die Fertigung von Bauteilen im Vakuuminfusionsverfahren wird bereits von KMU, beispielsweise bei der Herstellung von Bootsrümpfen oder der Fertigung von Rotorblättern für Windkraftanlagen, erfolgreich umgesetzt. Das entsprechende Knowhow kann dementsprechend auf die Herstellung von Sandwichbauteilen übertragen werden.

Durch die Möglichkeit, von bestehenden Inserts oder Onserts auf textile Lasteinleitungselemente zu wechseln, werden Möglichkeiten Steigerung des Marktanteils von Firmen der Textilindustrie und Erschließung neuer Absatzmärkte geschaffen.

4.3 Innovativer Beitrag

Zur Herstellung lastgerecht verstärkten Sandwichstrukturen in dem entwickelten Verfahren erfolgte eine Kombination eines textilen Prozessschritts mit der Herstellung von Sandwichstrukturen aus geschlossen porigen Schäumen und faserverstärkten Decklagen im Infusionsverfahren. Dadurch wurde eine Möglichkeit geschaffen, faserverstärkte Lasteinleitungselemente in einem wirtschaftlichen Verfahren herzustellen und in einem breiten Anwendungsfeld einzusetzen.

Die Einstellmöglichkeiten für die Eigenschaften der faserverstärkten Lasteinleitungselemente wurden durch das flächige Vernähen um einen Parameter erweitert. Dadurch ist die Möglichkeit gegeben, das Element durch Auswahl der Herstellungsparameter an die Anforderungen des Anwendungsfalls anzupassen.

4.4 Industrielle Anwendung

Durch die Entwicklung eines neuartigen, wirtschaftlichen Verfahrens zur lastgerechten Verstärkung von Sandwichbauteilen können diese in erweiterten Anwendungsbereichen eingesetzt werden. Die Herstellung erfolgt im Rahmen zweier Prozessschritte mithilfe bereits in der Herstellung von Bauteilen aus Faserverbundmaterialien etablierten Verfahren.

Unternehmen der Textilindustrie können aus textilen Halbzeugen und Kohlenstoff- bzw. Glasfasern vernähte Patches und diese in ihr Produktportfolio aufnehmen. Zum Vernähen der Patches mit Schaumkernen können bereits vorhandene Anlagen sowie kommerziell erhältliche Erweiterungen verwendet werden.

Mögliche Anwender der herzustellenden Strukturen können die Patches von den Textilherstellern beziehen und mithilfe etablierter Verfahren lastgerecht verstärkte Sandwichbauteile herstellen. In Abstimmung mit den Textilunternehmen ist bei Bedarf eine individualisierte Anpassung des Lasteinleitungselements an den Anwendungsfall möglich. Unternehmen, die bereits die Vakuuminfusion zur Herstellung von Faserverbundbauteilen nutzen, können dieses Verfahren auf die Herstellung anwenden und entsprechende Strukturen im Zulieferauftrag für entsprechende (End-)Anwender fertigen.

Empfehlungen für weitere Entwicklungen zur Optimierung der Herstellungsverfahren bereits dargestellt. Auf der Basis der Projektergebnisse können Unternehmen eigene Anpassungen an der Materialzusammensetzung und den Herstellungsverfahren vornehmen und sich dadurch von anderen Unternehmen abgrenzen. Wie bereits erwähnt ergibt sich für den Einsatz lastgerecht verstärkter FVK-Sandwichstrukturen ein breites industrielles Anwendungsfeld in verschiedenen Branchen wie etwa Luftfahrt, Yachtbau, Nutzfahrzeuge, Reisemobile und Sportartikel. Auf die verschiedenen Brachen wird nachfolgend eingegangen.

Luftfahrt

Aktuell werden in der Luftfahrt ausschließlich Sandwichstrukturen mit Honigwaben als Kern verwendet. Dies hat eine aufwendige Fertigung zur Folge. Durch den Einsatz von Schaumkernen könnten die Fertigungskosten reduziert werden. In Flugzeugen könnten die in diesem Projekt entwickelten lastgerecht verstärkten Sandwichstrukturen vor allem in Interieur Bauteilen, Verkleidungen und Bodenplatten eingesetzt werden. Durch die Verwendung von optimierten Sandwichstrukturen könnte das Flugzeuggesamtgewicht reduziert und somit Treibstoffverbrauch bzw. CO_2 Ausstoß gesenkt werden.

Yachtbau

Im Boots- und Yachtbau werden zunehmend Leichtbaumaterialien und Strukturen in Leichtbauweise eingesetzt. Durch den Einsatz kann der Treibstoffverbrauch reduziert, die Geschwindigkeit der Wasserfahrzeuge erhöht und die Handhabung erleichtert werden. Kunden dieser Branche, legen hohen Wert auf die individuelle Ausstattung, auch im Interieur Bereich, die an ihre Bedürfnisse angepasst werden. Im Boots- und Yachtbau werden Sandwichstrukturen sowohl im Rumpf als auch im Interieur sowie bei der Außenverkleidung verwendet.

Nutzfahrzeuge

Aufbauten von Nutzfahrzeugen und Kleintransportern werden häufig aus Sandwichstrukturen und Profilen aufgebaut und über Lasteinleitungspunkte mit der Rahmenstruktur verbunden. Eine Reduzierung des Fahrzeuggewichtes wird angestrebt, um das Potential des Laderaums, bei einem gleichbleibenden zulässigen Gesamtgewicht, besser auszuschöpfen zu können. Entsprechende sicherheitsrelevante Aspekte und Fahrzeugverschleiß kommen hierbei genauso zum Tragen wie bei Freizeitfahrzeugen. Durch den gewerblichen Einsatz der Nutzfahrzeuge besteht ein Interesse an einer möglichst großen Zuladung der zu transportierende Güter.

Reisemobile

Bei Reisemobilen und Caravans werden häufig sowohl die Seitenwände als auch Fahrzeug- und Zwischenböden sowie Dächer aus Sandwichmaterialien aufgebaut (Oest 2014). Dabei ist oft eine große Anzahl an Lasteinleitungspunkten für die Befestigung vorzusehen, um die zahlreiche Interieur Bauteile wie Schränke, Haken oder weitere Anbauten zu befestigen. Das Interesse an Caravan-Urlauben in Deutschland steigt seit Jahren stetig an, weshalb auch der Absatz von Reisemobilen steigt.

Sportartikel

Im Bereich der Sport- und Freizeitindustrie lässt sich das entwickelte Verfahren im Wassersport etwa bei Surfboards oder im Wintersport bei Snowboards einsetzten. So können etwa bei Surfboards lastgerecht optimierte Patches an der Unterseite des Surfboards integriert werden, um dort Finnen anzuschrauben. Bei Beschädigung könnten die Finnen durch lösen der Schrauben einfach und schnell ausgetauscht werden. Bei Snowboards könnten auf der Oberseite entsprechende Patches integriert werden. Durch Direktverschraubung könnten entsprechende Bindungen für Schuhe angebracht werden. Aufgrund des Fail-Safe Verhaltens der Patches kommt es bei einem Unfall nicht zu einem abrupten Totalversagen der Verbindung von Bindung und Snowboard.

5. Durchführende Forschungsstelle

Forschungsstelle: Faserinstitut Bremen e.V. (FIBRE)

           Gebäude IW 3

           Am Biologischen Garten 2

           28359 Bremen

Telefon:	0421/218 59656
Telefax:	0421/218 3310
E-Mail:	sekretariat@faserinstitut.de

Leiter der Forschungsstelle: Prof. Dr.-Ing. Axel S. Herrmann

Projektleiter: Markus Geiger M. Sc.

6. Verzeichnisse

Abkürzungsverzeichnis

AiF	-	Arbeitsgemeinschaft industrieller Forschungsvereinigungen
AP	-	Arbeitspaket
CAD	-	Computer Aided Design
CF	-	Carbon-/Kohlenstofffaser
CFK	-	Kohlenstofffaserverstärkter Kunststoff
CNC	-	Computerized Numerical Control
CT	-	Computertomographie
FIBRE	-	Faserinstitut Bremen e.V.
FKV	-	Faserkunststoffverbund
FVG	-	Faservolumengehalt
GF	-	Glasfaser
GFK	-	Glasfaserverstärkter Kunststoff
HAP	-	Hauptarbeitspaket
IGF	-	Industrielle Gemeinschaftsforschung
KMU	-	Kleinere und mittlere Unternehmen
PbA	-	Projektbegleitender Ausschuss
PM	-	Personenmonat
PA6	-	Polyamid 6
PET	-	Polyethylenterephthalat
PMI	-	Polymethacrylimid
TFP	-	Tailored-Fibre-Placement
UD	-	Unidirektional

Abbildungsverzeichnis

Tabellenverzeichnis

Literaturverzeichnis

Friedrich 2017 — Friedrich, Horst E., Hrsg. (2017): Leichtbau in der Fahrzeugtechnik. 2. Auflage. Springer Fachmedien Wiesbaden GmbH, 9. März 2017. isbn: 3658122943.

Wiedemann 2007 — Wiedemann, Johannes (2007): Leichtbau: Elemente und Konstruktion. Springer-Verlag.

Klein 2013 — Klein, Bernd (2013): Leichtbau-Konstruktion. Springer Fachmedien Wiesbaden. doi: 10.1007/978-3-658-02272-3.

Roth 2006 — Roth, Matthias Alexander (2006): Strukturelles Nähen: Ein Verfahren zur Armierung von Krafteinleitungen für Sandwich-Strukturen aus Faser-Kunststoff-Verbund. Dissertation. TU Kaiserslautern - Institut für Verbundwerkstoffe GmbH.

Henning und Moeller 2020 — Henning, Frank und Elvira Moeller (2020): Handbuch Leichtbau: Methoden, Werkstoffe, Fertigung. Carl Hanser Verlag GmbH Co KG.

Euro Composites Group 2012 — Euro Composites Group (2012): Interior Production. Präsentation (abgerufen am 12.03.2023).

Dimassi 2020 — Dimassi, Mohamed Adli, Christian Brauner, Oliver Focke und Axel Siegfried Herrmann (2020): Experimental investigation of Tied Foam Core sandwich compression performance. In: Journal of Sandwich Structures & Materials 22.2, S. 349–369.

Dimassi 2016 a — Dimassi, Mohamed Adli, Christian Brauner und Axel Siegfried Herrmann (2016a):" Experimental study of the mechanical behaviour of pin reinforced foam core sandwich materials under shear load". In: IOP Conference Series: Materials Science and Engineering. Bd. 118. 1. Chemnitz, Deutschland: IOP Publishing Ltd, März 2016, S. 012012.

Dimassi 2016 b — Dimassi, Mohamed Adli, Oliver Focke, Christian Brauner und Axel Siegfried Herrmann (2016b):" Experimental study of the indentation behaviour of tied foam core sandwich structures ". In: Proceedings of the 17th European Conference on Composite Materials, Munich, Germany. 2016, S. 26–30.

Casari 2005 — Casari, Pascal, Denis Cartié und Peter Davies (2005):" Characterisation of novel K-Cor sandwich structures". In: Sandwich Structures 7: Advancing with Sandwich Structures and Materials: Proceedings of the 7th International Conference on Sandwich Structures. Aalborg University. Aalborg, Denmark: Springer, Aug. 2005, S. 865–874.

Marasco 2005 — Marasco, Andrea I (2005): Analysis and evaluation of mechanical performance of reinforced sandwich structures: X-CorTM and K-CorTM. Dissertation. Cranfield University.

Stanley 2001 — Stanley, Larry E, Daniel O Adams und James R Reeder (2001): Development and evaluation of stitched sandwich panels. Techn. Ber. National Aeronautics and Space Administration (NASA), University of Utah.

Schürmann 2011

Schürmann, H.: Konstruieren mit Faser-Kunststoff-Verbunden, 2. Auflage, Heidelberg: Springer, 2011.

BMWI 2021

Bundesministerium für Wirtschaft und Energie: Wirtschaftsbranchen: Maritime Wirtschaft: https://www.bmwi.de/Redaktion/DE/Textsammlungen/Branchenfokus/Industrie/branchenfokus-maritime-wirtschaft.html?cms_artId=215918 (Abgerufen: 23.03.2021)

DBSV 2019

Deutscher Boots- und Schiffbauer-Verband: Konjunkturbarometer des DBSV 2019.

VDA 2020

Verband der Automobilindustrie: Jahresbericht 2020 – Die Automobilindustrie in Daten und Fakten

VDA 2021

Verband der Automobilindustrie: Die Nutzfahrzeug-Branche im Überblick: https://www.vda.de/de/themen/automobilindustrie-und-maerkte/markt-nutzfahrzeuge-anhaenger-aufbauten-und-busse/die-nutzfahrzeug-branche-im-ueberblick.htmlm (abgerufen 18.03.2021)

CVID 2020

Caravaning Industrie Verband e.V. (CIVD): Produktion. https://www.civd.de/artikel/produktion/ Frankfurt. 2020 (abgerufen: 18.03.2020)

CVID 2021

Caravaning Industrie Verband e.V. (CIVD): Branchenproschäre, https://www.civd.de/artikel/veroeffentlichungen-downloads/ (abgerufen: 18.03.2021)

Spickenheuer 2009

Spickenheuer, A, K Uhlig, K Gliesche und G Heinrich (2009): „Experimental research on open-hole tensile specimens made of carbon fibre reinforced plastics (cfrp) with an optimised curvilinear fibre pattern ". In: Proceedings of the COMATCOMP. Bd. 9.

Spickenheuer 2014

Spickenheuer, Axel (2014): Zur fertigungsgerechten Auslegung von Faser-Kunststoff-Verbundbauteilen für den extremen Leichtbau auf Basis des variabelaxialen Fadenablageverfahrens Tailored Fiber Placement. Dissertation. Fakultät Maschinenwesen der Technischen Universität Dresden.

Spickenheuer 2020

Spickenheuer, A, N Fittkau, S Konze, E Richter und M Stommel (2022): Anwendung des Tailored-Fiber-Placement-Verfahrens in der Orthopädietechnik. In: Orthopädie Technik 73.4, S. 42–47.

Uhlig 2017

Uhlig, Kai (2017): Beitrag zur Anwendung der Tailored Fiber Placement Technologie am Beispiel von Rotoren aus kohlenstofffaserverstärktem Epoxidharz für den Einsatz in Turbomolekularpumpen. Dissertation. Technische Universität Dresden, Fakultät Maschinenwesen, Institut für Werkstoffwissenschaften.

Crothers 1997

Crothers, PJ, K Drechsler, D Feltin, I Herszberg und T Kruckenberg (1997a): Tailored fibre placement to minimise stress concentrations. In: Composites Part A: Applied Science and Manufacturing 28.7 (1997), S. 619–625.

Gliesche und Feltin 1996

Gliesche, K. und D. Feltin (1996): Technische Gesticke als kraftflussgerechte Textilkonstruktionen für Faserverbund-Bauteile. In: Konstruktion 48, S. 114–118. issn: 0720-5953.

Li 2002

Li, R, D Kelly und A Crosky (2002): Strength improvement by fibre steering around a pin loaded hole. In: Composite Structures 57.1-4, S. 377–383.

Mattheij 1998   Mattheij, Paul, Konrad Gliesche und Dirk Feltin (1998): Tailored Fiber Placement-Mechanical Properties and Applications. In: Journal of Reinforced Plastics and Composites 17.9, 774–786. doi:10.1177/073168449801700901.

Preusler 1998   Preusler, S, K Gliesche, D Feltin und P Mattheij (1998): "Local reinforcement of a pinloaded hole made by Tailored Fibre Placement (TFP)". In: ECCM-8 European Conference on Composite Materials: Science, Technologies and Applications, 3-6 June 1998, Naples. Bd. 1. Woodhead Publishing, S. 347.

Khaliulin 2012   Khaliulin, VI, ES Petrunina und DM Bezzametnova (2020): Design and Technology of Composite Truss Cores for Sandwich Panels. In: Russian Aeronautics 63, S. 497–507.

Kroll 2012   Kroll, Lothar, Holger Seidlitz, Lars Ulke-Winter, Adam Czech, Sascha Müller, Karl-Heinz Hoyer, Raimund Grothaus und Kay-Uwe Kolshorn (2012): Erste CFK-Kupplung für Schienenfahrzeuge. In: Lightweight Design 5.5, S. 38–43.

Grothaus und Pawelski 2007   Grothaus, R und C Pawelski (2007): "Struktursysteme in ultraleichter Textilverbundbauweise für Super-Sportwagen". In: Proceedings 11. Chemnitzer Textiltechnik-Tagung, P19–P27.

Bittrich 2012   Bittrich, L, A Spickenheuer, K Uhlig und G Heinrich (2012):"EDOPunch-ein neues Tool zur Effizienzsteigerung und Optimierung von Stickmustern und Faserverbundteilen". In: Proceedings 13. Chemnitzer Textiltechnik-Tagung. Chemnitz.

Schiebel 2012   Schiebel, P.: CFK-Großserienbauteile aus Hybridrovings, AiF-Abschlussbericht, ISBN 978-3-8482-1409-9, 2012

Arnaut 2015 a   Arnaut, K.; Schiebel, P.: Kraftflussgerechte Verstärkungselemente für Lasteinleitungsbereiche von langfaserverstärkten Thermoplastbauteilen (Pressformschlaufen): Forschungsbericht aus dem Faserinstitut Bremen e.V., Nr. 49, 2015

Arnaut 2015 b   Arnaut, K.; Schiebel, P., Lang, A. und Herrmann, A.S. 2015. Reinforcement elements aligned with the direction of forces for load transfer areas of long-fiber-reinforced thermoplastic components. Materials Science Forum Vols. 825-826, pp 779-786 : Trans Tech Publications Ltd., 2015. DOI: 10.4028/www.scientific.net/MSF.825-826.779.

Arnaut 2017   Arnaut, K. und Herrmann, A. S. 2017. Tailored Inserts Based on Continuous Fibre for Load Bearing Reinforcement of Short Fibre Thermoplastic Components. Key Engineering Materials: Scientific.Net, 2017.

Schiebel 2011   Schiebel, P., Schnakenberg, N., Herrmann, A. S., Mesejo-Chiong, A., León-Mecías, A.: Analyse der Fertigung maßgeschneiderter Preforms für hochbeanspruchte CFK-Bauteile mittels FEM: 60. DGLR-Kongress, Bremen, 2011

Fette 2017   Fette, M.; Hentschel, M.; Guerrero Santa, J.; Wille, T.; Büttemeyer, H.; Schiebel, P.: New Methods for Computing and Developing Hybrid Sheet Molding Compound Structures for Aviation Industry: Procedia CIRP 66, 2017

Flemming 2013   Flemming, Manfred, Gerhard Ziegmann und Siegfried Roth (2013b): Faserverbundbauweisen: Halbzeuge und Bauweisen. Springer-Verlag, 2013

Zenkert 1997   Zenkert, Dan, Hrsg. (1997): The handbook of sandwich construction. Engineering Materials Advisory Services Ltd.

Neitzel 2014   Neitzel, M., Mitschang, P., Breuer, U.: Handbuch Verbundwerkstoffe: Werkstoffe, Verarbeitung, Anwendung, 2nd ed. München: Hanser, 2014

Cherif 2011   Cherif, Chokri, Hrsg. (2011): Textile Werkstoffe f¨ur den Leichtbau - Technik – Verfahren - Materialien - Eigenschaften. Springer. isbn: 978-3-642-17991-4. doi: 10.1007/978-3-642-17992-1

Zahlen 2013   Zahlen, P.: Beitrag zur kostengünstigen industriellen Fertigung von haupttragenden CFK-Großkomponenten der kommerziellen Luftfahrt mittels Kernverbundbauweise in Harzinfusionstechnologie, Science-Report aus dem Faserinstitut Bremen, Bd. 6, ISBN 978-3-8325-3329-8, 2013

Castanie 2020   Castanié, Bruno, Christophe Bouvet und Malo Ginot (2020): Review of composite sandwich structure in aeronautic applications. In: Composites Part C: Open Access 1, S. 100004

Gesamtverband Textil & Mode 2018   Gesamtverband Textil & Mode: 2018 Die deutsche Textil- und Modeindustrie in Zahlen, 2018

Kienle 2022   Kienle, Patrick (2022): Hochauflösende optische Abstandsmessung mittels kompensierter Lasertriangulation. Dissertation. Technische Universität München.

Heimbs und Pein 2009   Heimbs, Sebastian und Marc Pein (2009): Failure behaviour of honeycomb sandwich corner joints and inserts. In: Composite Structures 89.4, S. 575–588.

Kim und Lee 2008   Kim, Byoung Jung und Dai Gil Lee (2008): Characteristics of joining inserts for composite sandwich panels. In: Composite Structures 86.1. Fourteenth International Conference on Composite Structures, S. 55–60. issn: 0263-8223. doi: https://doi.org/10.1016/j. compstruct.2008.03.020.

Schwennen 2016   Schwennen, J, V Sessner und J Fleischer (2016): A new approach on integrating joining inserts for composite sandwich structures with foam cores. In: Procedia CIRP 44, S. 310–315.

Seemann und Krause 2018   Seemann, Ralf und Dieter Krause (2018): Numerical modelling of partially potted inserts in honeycomb sandwich panels under pull-out loading. In: Composite Structures 203, S. 101–109.

ECSS 2011   ECSS (2011): Insert Design Handbook. Hrsg. von European Cooperation for Space Standardization. ECSS-E-HB-32-22A. Noordwijk, the Netherlands: European Space Agency Requirements und Standards Division.

Rome 2023   Rome, J, Goyal, V and Patel D (2023); Strength reduction of foam-core sandwich structures with core mismatches". In: Journal of Sandwich Structures & Materials, 25, 2, 44-60, https://doi.org/10.1177/10996362221115418

Sickinger und Herrmann 2001   Sickinger, C und A Herrmann (2001):" Structural stitching as a method to design highperformance composites in future". In: Proceedings TechTextil Symposium.

Oest 2014   Oest GmbH & Co. Maschinenbau KG: Sandwichtechnik im Reisemobilbau – Stabile Klebprozesse. In: Siebenpfeiffer, W. (Hrsg.), Leichtbau-Technologien im Automobilbau, ATZ/MTZ-Fachbuch, DOI 10.1007/978-3-658-04025-3_14, Springer Fachmedien Wiesbaden 2014.

Weber 2009   Weber, HJ, M Siemetzki und GC Endres (2009):" Reinforcement of cellular material". Patent 20090252917 A1.